生命
百科

自由自在的鱼

生命百科编委会　编著

中国大百科全书出版社

图书在版编目（CIP）数据

自由自在的鱼 / 生命百科编委会编著 . -- 北京 ：
中国大百科全书出版社，2025. 1. --（生命百科）.
ISBN 978-7-5202-1694-4

Ⅰ . Q959.4-49

中国国家版本馆 CIP 数据核字第 2025TZ9887 号

总 策 划：刘 杭 郭继艳
策划编辑：张会芳
责任编辑：张会芳
责任校对：梁嬿曦
责任印制：王亚青
出版发行：中国大百科全书出版社有限公司
地 址：北京市西城区阜成门北大街 17 号
邮政编码：100037
电 话：010-88390811
网 址：http://www.ecph.com.cn
印 刷：唐山富达印务有限公司
开 本：710mm×1000mm 1/16
印 张：10
字 数：100 千字
版 次：2025 年 1 月第 1 版
印 次：2025 年 1 月第 1 次印刷
书 号：ISBN 978-7-5202-1694-4
定 价：48.00 元

—— 总　序

　　这是一套面向大众、根植于《中国大百科全书》第三版（以下简称百科三版）的百科通俗读物。

　　百科全书是概要记述人类一切门类知识或某一门类知识的完备的工具书。它的主要作用是供人们随时查检需要的知识和事实资料，还具有扩大读者知识视野和帮助人们系统求知的教育作用，常被誉为"没有围墙的大学"。简而言之，它是回答问题的书，是扩展知识的书。

　　中国大百科全书出版社从 1978 年起，陆续编纂出版了《中国大百科全书》第一版、第二版和第三版。这是我国科学文化建设的一项重要基础性、标志性、创新性工程，是在百年未有之大变局和中华民族伟大复兴全局的大背景下，提升我国文化软实力、提高中华文化国际影响力的一项重要举措，具有重大的现实意义和深远的历史意义。

　　百科三版的编纂工作经国务院立项，得到国家各有关部门、全国科学文化研究机构、学术团体、高等院校的大力支持，专家、学者 5 万余人参与编纂，代表了各学科最高的专业水平。专家、作者和编辑人员殚精竭虑，按照习近平总书记的要求，努力将百科三版建设成有中国特色、有国际影响力的权威知识宝库。截至 2023 年底，百科三版通过网站（www.zgbk.com）发布了 50 余万个网络版条目，并陆续出版了一批纸质版学科卷百科全书，将中国的百科全书事业推向了一个新的高度。

　　重文修武，耕读传家，是我们中国人悠久的文化传承。作为出版人，我们以传播科学文化知识为己任，希望通过出版更多优秀的出版物来落实总书记的要求——推动文化繁荣、建设中华民族现代文明，努力建设中国式现代化强国。

为了更好地向大众普及科学文化知识，我们从《中国大百科全书》第三版中选取一些条目，通过"人居环境""科学通识""地球知识""工艺美术""动物百科""植物百科""渔猎文明""交通百科"等主题结集成册，精心策划了这套大众版图书。其中每一个主题包含不同数量的分册，不仅保持条目的科学性、知识性、准确性、严谨性，而且具备趣味性、可读性，语言风格和内容深度上更适合非专业读者，希望读者在领略丰富多彩的各领域知识之时，也能了解到书中展示的科学的知识体系。

衷心希望广大读者喜爱这套丛书，并敬请对书中不足之处给予批评指正！

《中国大百科全书》编辑部

"生命百科"丛书序

　　生命的诞生源自生物分子的出现，历经生物大分子、细胞、组织、器官、系统至个体、种群、人类的过程。在宏观进化链中，生物进化范畴的最顶端是人类的出现。

　　从个体大小上讲，生命体有高大的木本植物，有低矮的草本植物，还有能引起人类或动植物疾病的真菌、细菌、病毒等微生物。从生活空间上讲，生命体有广布全球的鸟，有在水中自由自在的鱼等。从感官上讲，生命体有香气宜人的植物，也有赏心悦目的花。从发育学上讲，有变态发育的动物（胚胎发育过程中形态结构和生活习性有显著变化的动物，也称间接发育动物），如昆虫；也有直接发育的动物（胚后发育过程中幼体不经过明显的变化就逐渐长成成体的动物），如包括人类在内的哺乳动物、鸟类、鱼类和爬行类等。有的生命体还是治疗其他动植物疾病的药，如以药用动植物为主要原料的药物等。为维持生命体健康地生长与发育，认识疾病、诊断疾病、治疗疾病很有必要。

　　为便于读者全面地了解各类生物，编委会依托《中国大百科全书》第三版生物学、作物学、园艺学、林业、植物保护学、草业科学、渔业、畜牧、现代医学、中医药等学科内容，组织策划了"生命百科"丛书，编为《常见木本植物》《常见草本植物》《香气宜人的植物》《赏心悦目的花》《广布全球的鸟》《自由自在的鱼》《变态发育的昆虫》《认识人体》《常见的疾病》《常见的疾病诊断方法》《治疗百病的药——

现代药》《治疗百病的药——中药方剂》等分册,图文并茂地介绍了各类生命体及与人类健康相关知识。

希望这套丛书能够让更多读者了解和认识各类生命体,起到传播生命科学知识的作用。

生命百科丛书编委会

目　录

第 3 章　渔业资源种类　71

观赏鱼

淡水观赏鱼

金　鱼

金鱼是硬骨鱼纲鲤形目鲤科鲤亚科鲫属一类观赏鱼，是野生红鲫在长期人工饲养及选育下家化而成的观赏鱼，也被称为中国的"国鱼"。在鱼类进化史上，金鱼是唯一一类由人工选育而成的各个外部器官均发生明显变异的观赏鱼品种。

◆ 起源

金鱼起源于中国晋朝（265～420）。对于金鱼的起源，很多学者都对其进行过研究。科学家已根据胚胎发育、染色体组型、LDH 同工酶、血清蛋白电泳、分子生物学分析等方面的研究结果，证明金鱼是由野生鲫突变而来。

◆ 家化和传播

金鱼起源于中国。家化经历了漫长的年月，主要分为以下 4 个阶段。

野生时期

中国早在北宋（960～1127）年间，杭州兴教寺等寺庙的水池内已有红鲫饲养。这可认为是原始的金鱼，但其体形仍与野生鲫相似。由于红鲫被古人视为神物，故长期被作为佛教的"放生"用鱼而得到保护。

池养时期

至绍兴三十二年（1162），南宋皇帝赵构在杭州德寿宫内大造金鱼池，一些士大夫竞相仿效，养金鱼成为一时风尚。当时还出现了专门从事"鱼活儿"的养金鱼技工，他们用水蚤喂养金鱼，熟悉繁殖金鱼的方法，还出售金鱼。如南宋吴自牧《梦粱录》曾记载："金鱼……今钱塘门外多畜养之，入城货卖，名鱼活儿。"由于人造池中只养金鱼，既没有与野鲫杂交的可能，又避免了种间斗争，因而繁殖较易，繁殖中出现的一些性状变异，经金鱼爱好者的不断挑选、保存，无意识地起到了人工选择的作用。此时金鱼的颜色已有红色、白色、黑白相间的花斑色和淡棕色，但体形尚无多大变化。

盆养时期

经辽、宋、金、元诸代，金鱼的性状变化不大。至明嘉靖二十七年（1548），在杭州"生有一种金鲫鱼，名曰火鱼，以色至赤故也。人无有不好，家无有不蓄。竞色射利，交相争尚，多者十余缸，至壬子（1552）极矣"（《七修类稿》）。"火鱼"的出现，进一步引起爱好者的饲养兴趣，杭州、苏州等地开始用缸饲养。至明神宗万历七年（1579），用缸、盆饲养已较盛行，时称"盆鱼"。这一时期金鱼的体形、鳍、体色等又出现许多新的变异。如出现了五花（彩色）和水晶蓝（玻璃鱼）两种颜色，新增了透明鳞和网透明鳞两种变异。当时张谦德的《朱砂鱼谱》是中国最早的一本论述金鱼生活习性和饲养方法的专著。

有意识人工选择时期

至清代晚期，金鱼饲养进入有意识选种阶段。如句曲山农所著《金鱼图谱》（1848）认为"雄鱼须择佳品，与雌鱼色类大小相称"；拙园老人所著《虫鱼雅集》（1904）提出"出子时盈千累万，至成形后，全在挑选，于万中选千，千中选百，百里拔十，方能得出色上好者"，都说明当时对金鱼进行有意识的选择已是事实。此时金鱼的品种有 20 余种。姚元之著《竹叶亭杂记》中载"龙睛鱼中不仅有身黑如墨，至尺余不变的墨龙睛外，尚有纯红、纯翠，又有大片红花者，红碎红点者，虎皮者，红白翠黑什花者"。此时期可称是金鱼家化史上的盛期。

从清末到抗日战争前的 30 余年间，由于遗传学的发展，人们采取杂交方法获得了一些新品种，增加了蓝色、紫色和紫蓝色金鱼，也出现了翻鳃、水泡眼品种。1935 年，中国有 70 余个金鱼品种，其中新品种有龙睛球、珍珠龙睛、龙睛水泡眼、朱砂眼、蛋种翻鳃、朝天龙球等。到 1941 年前，在上海一带出现了珍珠翻鳃、珍珠朝天龙、珍珠水泡眼、虎头翻鳃、水泡眼翻鳃、狮子头翻鳃、蛤蟆头翻鳃等品种。此外，还有一种扇尾金鱼。抗日战争期间，原有金鱼品种没有得到很好的保护，是中国金鱼发展史上的一个衰落时期。

1949 年以来，中国各地大量培育金鱼，不仅恢复了过去的品种，而且还出现大量新品种，如黄高头、彩色蛋球、元宝红及灯泡眼和珍珠鳞的大量变异品种，朱顶紫罗袍也是在这一时期选育而成，这是中国金鱼发展史上的最盛时期。

中国金鱼于 1502 年由福建泉州传入日本，1611 年前后被运往葡萄牙，1691年前流传到英国，1728年在荷兰阿姆斯特丹繁殖了后代。此后，金鱼成为欧洲许多国家喜爱饲养的观赏鱼。19世纪中叶，金鱼经由美国传到美洲其他国家。

◆ **形态**

金鱼体形有纺锤形，以及长身形、短身形和介于两者之间的中间身形，而各类型在头部、鳞片、体色、鳍等方面还存在众多的变异。与鲫鱼相比，金鱼的眼

龙睛

睛、头形、背鳍、尾鳍、颜色、鳞片、体形均出现了变异。

头部

金鱼头部一般略呈三角形，通称平头，其中虎头和狮子头头部较宽大，头顶和两颊皮肤上有肉瘤；珍珠鱼的头狭而呈尖形。金鱼口均位于头的前端，有些品种则因面颊上的肉瘤发达且凸出而显得口部内缩。金鱼鼻孔通常有一皮肤褶即鼻瓣。有的金鱼品种的鼻瓣特别发达，形成1簇肉质小叶，犹如绒球。金鱼眼睛位于头部两侧的中央、呈圆形、角膜透明的，称正常眼，如绒球、珍珠鱼等；眼球特别膨大，且凸出于眼眶之外的，称为龙睛，如红龙睛、墨龙睛等；眼球膨大外突、瞳孔朝上转90°的，称为朝天龙；眼球腹部眼眶中膨大成为1个小泡，游动时小泡不动的称蛤蟆头；若膨大成大水泡，游动时水泡会晃动的称水泡眼。金鱼鳃盖有正常鳃盖、透明鳃盖和翻鳃盖之分，多数金鱼品种是正常鳃盖。其中翻鳃盖是主鳃盖骨和下鳃盖骨后端游离、外卷，部分鳃丝裸露所致。

鳞片和体色

金鱼鳞片有正常鳞、透明鳞和珍珠鳞之分。正常的鳞片因有反光组织和色素细胞的存在而呈各种颜色。透明鳞缺少反光组织和色素细胞。珍珠鳞的边缘部平整且颜色深，中央部分凸起且颜色浅，故呈珍珠状。体色有灰、红、黄、黑、白、紫、蓝等色之分。此外还有2种色彩相间的色斑和3种以上色斑相混的五花。

龙睛

鳍

金鱼胸鳍形状因品种而异。燕尾、龙睛、文金的胸鳍略呈三角形；蛋金的胸鳍呈椭圆形。蛋金、龙背金缺少背鳍。大多数金鱼品种有正常背鳍。金鱼有成对的臀鳍。同一金鱼品种有具双臀鳍的，也有具单臀鳍的，通常具有双臀鳍是优良性状。尾鳍有单尾鳍和双尾鳍之分。除金鲫种为单尾鳍外，其他品种均为双尾鳍。按双尾鳍长度，又分为短尾形、长尾形和中尾形。双尾鳍的形状变异很大，有的背叶相连，腹叶分离，称为三尾；有的背、腹叶都分离，称为四尾；尾鳍下垂的称为垂尾。尾鳍伸展呈蝴蝶形的称为蝶尾；尾鳍特别长大的称为凤尾。有的品种尾鳍边缘镶有不同颜色的纹理或鳍上有色斑。

◆ 分类和品种

在长期的养殖过程中，金鱼出现了大量的变异品种，之后变异品种越来越多，从而品系分类比较混乱，有 3 类分类法、4 类分类法、5 类分类法等。按中国习惯分类法可分为金鲫种、文种、龙种、蛋种和龙背5 类。

金鲫种

金鲫种又称草金。体形似鲫，单尾鳍。体质强健，抵抗力和适应性都比其他品系的金鱼强。主要类型有：①红鲫。又称金鲫。适合室外大池饲养，若喂以食物，则群集于水面争食，且能随人的拍手声列队而游。品种有红鲫、银鲫、花色鲫等。②燕尾。尾鳍特别长，超过体长一半。品种有红燕尾、红白花燕尾、彩色燕尾等。

红鲫鱼

燕尾花式金鱼

文种

文种又称文金。最早由草种品系的金鱼经不断驯养改良而形成。体形较短而宽，具背鳍，各鳍发达，从背部俯视鱼体时，犹如"文"字，故名文种。主要类型有：①文鱼。原称纹鱼，体短，头尖，呈三角形，为文种的原始品种。1772 ～ 1788 年经中国台湾地区传入日本。以尾鳍超过体长而闻名。名贵品种有红文鱼、彩色文鱼、桃花文鱼等。②虎头。或称"堆玉"。头部有肉瘤，从头顶一直包向两颊，眼和嘴也陷入肉瘤内。

若肉瘤厚实，中间又隐现五字花纹的更属上品。名贵品种有红虎头、黄虎头、红顶白虎头等。③高头。亦称帽子。和虎头极相似，但其肉瘤只限于头顶部，并不包向两颊。名贵品种有紫高头、彩色高头、紫蓝花高头等。日本称紫高头为茶金。④朱顶紫罗袍。全身为深紫色，头顶有肉瘤，唯整个头部呈鲜红色，而眼、鼻膜和嘴均呈黑色。非常稀少，极其名贵。⑤鹤顶红。全身银白，头顶生红色肉瘤，又称一点红。其中肉瘤位正、色泽鲜红者尤为名贵。日本称为丹顶。⑥珍珠鱼。又称珍珠鳞。体形呈梭形，两头尖，腹部圆，全身具有珍珠鳞。若头部尖、腹部膨大呈球形，则称为球形珍珠鱼，系名贵品种。其他名贵品种还有红珍珠鱼、墨珍珠鱼、彩色蝶尾珍珠鱼、红球形珍珠鱼、白球形珍珠鱼、彩色球形珍珠鱼等。⑦翻鳃。鳃盖骨卷曲生长。名贵品种有红文鱼翻鳃、红白花珍珠翻鳃、彩色珍珠翻鳃等。

红顶虎头金鱼

龙种

龙种又称龙睛、龙金。被当作金鱼之正宗，国外称其是真正的"中国金鱼"。体形短粗。眼球发达，凸出于眼眶外，犹如古代传说中龙的眼睛。眼形分圆球形、轮胎形、圆柱形、椭圆形和葡萄形等。有背鳍，各鳍发达。主要类型有：①龙睛。体形短，凸出的眼球有各种形状，如圆球形、梨形、圆筒形等。品种有红龙睛、蓝龙睛、紫龙睛等。②墨龙睛。全身色泽浓黑如墨，或如乌绒，背部尤其显著。若2～3年不变成红色，则为名贵品种，如有大尾墨龙睛、蝶尾墨龙睛等。③玛瑙眼。全身银白色，闪闪有光，而眼球色彩为红白相间，犹如玛瑙。以尾鳍长、身上无色斑者为名贵品种。④龙睛球。龙睛带有较大的绒球，日本称为鼻房。名贵品种有紫龙睛球、虎头龙睛球、红龙睛四球等。

蛋种

蛋种又称蛋金。是在古代品种最多的古金鱼品系，曾经达 76 个品种。体形短小，圆似鸭蛋。各鳍也较为短小，其中长鳍者，称为蛋凤。典型特征是无背鳍。主要类型有：①蛋球。又称绒球蛋，体稍长。品种有红蛋球、蓝蛋球、红白花蛋球、虎皮蛋球等，其中以虎皮蛋球较为名贵。②蛋凤。又称丹凤。与红蛋球极相似，唯尾鳍长而薄。品种有红蛋凤、蓝蛋凤、彩色蛋凤、银色蛋凤等，其中以蓝蛋凤的尾鳍特别长。③元宝红。全身银白，具反光，唯头顶具有红色斑块，形如元宝。以斑块位于正中为上品。④水泡眼。在眼球下生有一个半透明泡，凸出于眼眶之外，泡内充满液体，故名水泡眼。当游动时，水泡左右晃动，姿态动人。名

水泡眼金鱼

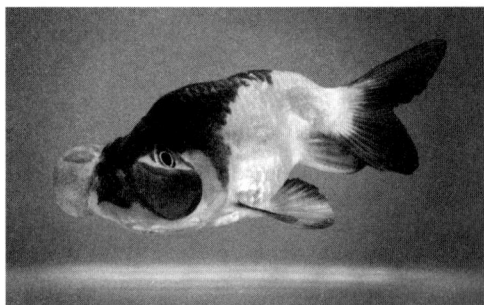

金色鱼泡眼金鱼

贵品种有红水泡眼、红白色水泡眼、彩色水泡眼、朱砂水泡眼、墨水泡眼等。⑤狮子头。亦称虎头，公认的名贵金鱼。体粗短，头部甚大，肉瘤发达，从头顶一直包向两颊，眼和嘴均位于肉瘤内。尾鳍短小者为上品。名贵品种有红狮子头、红白狮子头、蓝狮子头、彩色狮子头等。在日本，因体形和颜色的差异，又有

狮头金鱼

不同的名称，如纯白色的称为富士峰，纯红色的称为红叶等。⑥狮子滚绣球。狮子头带有大的绒球，每当游动时，左右摆动，酷似狮子戏绣球，逗人喜爱。以绒球大而圆为名贵。⑦鹅头。和狮子头相似，肉瘤只限于头顶。日本称为江户锦。名贵品种有红鹅头、花鹅头等。⑧朝天龙。中国北方称为望天眼。眼球向上生长，体形较龙种细长，北方饲养的多为短尾形，南方多为长尾形。品种有红朝天龙、白朝天龙、蓝朝天龙等。⑨蛤蟆头。头似蛤蟆头，眼球微凸出，并具有类似水泡眼的硬泡。品种有红蛤蟆头、彩色蛤蟆头、玻璃花蛤蟆头等。

龙背

　　近代金鱼杂交史上的一大杰作。虽品种不多，但有的品种却十分有名，其主要特征是既有发达的龙睛眼形，又有蛋种无背鳍的光背体形。龙背品系的金鱼有30多个品种，包括朝天龙（望天眼）、紫龙背、龙背灯泡眼、虎头龙背、五花蛋龙球、虎头睛和蛤蟆头等名贵品种。

金鱼也可按头形、尾形、眼形、体形、鳞片、鳃盖以及嗅球等特征系统分类：①按头型可分为平头形、鹅头形、高头形、狮头形、虎头形、寿星头形和皇冠头形等。②按尾形可分为单尾、双尾、刀尾、三尾、四尾、蝶尾和裙尾。③按眼型可分为正常眼、龙睛眼、朝天眼、玛瑙眼、葡萄眼、水泡眼和蛤蟆眼。④按体形可分为纺锤形、蛋形、圆球形、三角楔形。⑤按鳞片可分为正常鳞、珍珠鳞和金银鳞。⑥按鳃盖可分为正常鳃盖、透明鳃盖和翻鳃。⑦按嗅球特征可分为绣球和绒球。

◆ 饲养

金鱼整个饲养过程分鱼苗饲养和幼鱼、大鱼饲养两个阶段。

水和容器

一般用井水或自来水饲养。井水冬暖夏凉，但溶氧少。自来水因含有一定量的氯，使用前必须贮存 48 小时以上，或者可加入硫代硫酸钠 6.8～14 毫克/千克消除水中余氯。适宜水温 20～30℃，最适水温 23～25℃。饲养鱼苗时所换水温差不宜超过 2℃，饲养幼鱼和大鱼时换水温差以 4℃ 内为宜。水中溶氧量至 0.8 毫克/升时，鱼开始浮头，此时应换水或送气，否则易造成窒息死亡。适宜 pH 为 6～8.5，以 7.5～8 最适。

大规模饲养多用水泥池，其大小、式样依需要而定，一般为 1 米 × 1 米、2 米 × 2 米或 4 米 × 4 米，深度为 0.2～0.5 米。池底有一直径 0.3～0.5 米、深 0.05～0.1 米似锅底的深窝，便于捞鱼和排水。中国北方习惯用直径 0.7～1.5 米、高 0.3～0.5 米的木盆。此外，还有用黄沙缸、天津泥缸、宜兴陶缸等饲养金鱼的，以口部宽敞的浅水缸为宜。

缸的内壁力求光滑，以免擦伤鱼体。容器宜置向阳通风处。

鱼苗饲养

金鱼卵黏在水草上孵化。初孵鱼苗附在容器壁或水草上，仅偶尔做垂直活动，以腹部的卵黄囊为营养来源。2～3天后鱼鳔充气，能做水平方向游泳，卵黄囊消失，可开始喂食。这时鱼苗可吞食15～50微米大小的食物。每天上、下午各喂熟蛋黄浆1次，也可投喂原虫、轮虫、硅藻等。经7～8天后的鱼苗已能吞食小水蚤。孵化后10～15天，需进行第1次换水，通常是连鱼带部分陈水一同倒入新水中。此时如鱼苗规格相差过大，应分缸饲养，全长0.5厘米左右的鱼苗，可放养约1万尾/米^3；全长1厘米左右时放4000～6000尾/米^{3}为宜。以后每隔15天进行换水。经3次换水，鱼苗长到全长约2厘米时，可转入幼鱼饲养阶段。

鱼苗孵出时，体为青灰色，饲养1个月后，开始生长鳞片，体色变化，有白色、淡黄色、肉红色和黑斑出现，以红色出现最迟。这是金鱼特有的变色现象。因品种、水温和光照强度不同，变色亦有早迟。

由于金鱼的变异性大，即使纯种交配，子代也形态各异，因此需及时选鱼。第1次选鱼在孵化后10～15天、鱼苗全长约1.5厘米时进行，用白瓷汤匙进行选择。一般是单尾一律淘汰（单尾品种例外）。以后每隔10～15天进行1次。第2次在鱼苗长至全长2厘米、尾鳍已分离时进行，凡不具三四复尾的一律淘汰。第3次将背鳍发育不全的淘汰。第4、5次时鱼已经长成幼鱼（全长3厘米左右），主要结合品种形态特征进行选择。通常大鱼和留种亲鱼至少经过5次选择方可达到要求。

幼鱼大鱼饲养

凡短身、短尾鳍的金鱼如狮子头、球形珍珠鱼等宜在盆（缸）中饲养，而长身、长尾鳍的品种如龙睛、鹤顶红、蓝蛋凤等则宜在水泥池或土池中饲养。放养密度为：3 厘米以上的幼鱼和当年鱼为 200 ～ 250 尾 / 米^3，2 龄以上的为 80 ～ 100 尾 / 米^3。有增氧设备的，放养密度可适当增加。饲养名贵品种的密度应减低。

金鱼是以动物性饵料为主的杂食性鱼类。饵料中动物性占 70% ～ 80%、植物性占 20% ～ 30% 最为适宜。最好的饵料是活水蚤、摇蚊幼虫、孑孓和水蚯蚓。大鱼经常喂些芜萍、小浮萍等，对生长、发育有益。投饵前应充分洗净或用药物消毒。每天投喂 1 ～ 2 次。每天的投喂量，当年幼鱼和 1 龄鱼相当于头部大小，2 龄鱼相当于头部的一半；人工配合饵料，约相当于体重的 5%。

换水次数依鱼的饲养密度和季节而定。夏季每天或 2 ～ 3 天 1 次，春、秋季每 4 ～ 5 天 1 次（繁殖时除外），冬季每 7 ～ 15 天 1 次。露天饲养的在雷雨和下雪后应及时换水，不然因水温降低或雨雪水带进污物和臭氧，对金鱼生长不利。换水方法有 2 种：一是将金鱼捞出，全部换上备好的新水；另一种称为注水，是用橡皮管吸除底层污物和陈水，然后徐徐注入新水。注水的数量与次数完全视水质情况而定，每次换去原水量的一半左右。水面的污物和外来的杂物等每天要用细眼网捞去，以保持水质的清洁并有利氧的交换。夏季水温超过 30℃ 时，需要遮阴。在冬季，长江流域以北地区要将金鱼移到室内越冬，南方地区也应采取防寒措施。

金鱼常见病有黏细菌性烂鳃病、白头白嘴病、寄生虫性车轮虫病、鱼波豆虫病、斜管虫病、小瓜虫病等。防治时可将鱼在食盐水中浸洗5～15分钟。对细菌性打印病、竖鳞病、蛀鳍烂尾病等可用呋喃西林20毫克/千克浓度浸洗20～30分钟，或遍洒全池使池水成1～1.5毫克/千克浓度加以防治。小瓜虫病用2毫克/千克的硝酸亚汞浸洗1.5～2小时（水温15℃以上时）或2～3小时（水温15℃以下时），疗效较佳。

在水泥池中饲养鱼苗如放养密度适宜、饵料充足，经2个月全长可达5厘米，到年底可达12厘米。在缸盆中饲养鱼苗，到年底全长可达8厘米左右。2龄鱼原长8厘米左右的，年底为12～14厘米；原长12厘米左右的，年底全长可达16～18厘米。

繁殖

在中国长江流域一带，1、2龄金鱼多数即能成熟产卵；在北方地区，一般以2、3龄作亲鱼。金鱼繁殖季节中国南方地区在春节前后，长江流域一带在清明前后，北方地区在谷雨以后。金鱼产卵的温度为16～22℃。雌、雄鱼的配合比例为2：3或1：2。如缺少雄鱼，1：1也可。产卵量和鱼体大小、营养和发育情况有关。通常1龄鱼产卵300～5000粒；2龄鱼产卵4000～10000粒。其他繁殖特性和鲫、鲤相似。

◆ **价值**

金鱼因形态各异、色彩缤纷、品种繁多，世界各国都有饲养，但以中国和日本最为普遍。中国金鱼的品种、数量居世界首位，其中许多是特有的名贵品种，每年大量出口。在国际市场上，金鱼以其丰富的色彩和多变的体形在欧美和日本等国家受到欢迎。金鱼也是研究生物进化的重要实验材料；国际上测定各种药物对鱼类的毒性指标常以金鱼为试验对象。由于金鱼喜吞食孑孓，在公园、宾馆、庭院的喷水池、人工小河和小湖中放养金鱼，还可以控制蚊子滋生，保持水质清新。因此，饲养金鱼不仅具有较高的观赏价值，而且有一定的科学、经济价值。许多公园和庭院内都饲养金鱼。

龙　鱼

龙鱼是硬骨鱼纲骨舌鱼目骨舌鱼科的鱼类。龙鱼通常是骨舌鱼属和硬骨舌鱼属鱼类的统称。

广泛分布在南美洲、东南亚、澳大利亚以及非洲的热带和亚热带水域，因其体长有须，形似中国神话中的龙而得名。在 350 万年前的石炭纪就在地球上出现，因此也极具考古和学术研究价值。

◆ 形态和种类

龙鱼体侧扁，腹部有棱突。具 1 对吻须。鳞片大且有金属光泽。因体形、鳍、体色和鳞片色泽的不同，而分为多个种类。

银龙鱼

银龙鱼的英文名称为 sliver arowana，中文学名为双须骨舌鱼，别称银带。银龙鱼产自南美洲亚马孙河流域。银龙鱼体

银龙鱼

狭长而侧扁。眼大。尾小。背鳍与腹鳍较长。背鳍及臀鳍呈带状向尾鳍延伸，尾鳍较小。鳞片巨大，闪烁着银色光芒。体银白略带浅蓝色，并有浅粉红色纹路，背部泛青色。银龙鱼幼鱼体色较蓝，鳃盖后方有明显的蓝斑纹，随着长大而逐渐淡化。有红色、金黄色的变种。

黑龙

黑龙的英文名称为 black arowana，中文学名为费氏骨舌鱼，别名黑带。黑龙产自南美洲亚马孙河流域。黑龙外形与银龙相似。幼鱼时期体色呈黑色，有一条黄色线条从中穿过，背部及腹部均为黑褐色，随着身体的成长，鱼体的黑色渐渐消失而成为银白色略带浅青紫色，各鳍均为蓝黑色，鳞片呈银色。

金龙鱼

金龙鱼的中文学名为美丽硬仆骨舌鱼。金龙鱼产自东南亚，因分布水域的不同而演化出多个变种。①红尾金龙（golden

金龙鱼

arowana）。产自印度尼西亚和马来西亚一带。背部为墨绿色，包含背鳍及尾鳍上半部，尾鳍下半部为鲜红色。鳃盖没有红色印块，完全呈现出亮丽的金黄色。体侧第五、第六排鳞片为独特的黑色或深褐色，金色鳞片最多只能达到第四排。②青龙（green arowana）。又称青金龙。产自马来西亚、泰国、越南、缅甸一带。鱼体呈银灰色，略带绿色，幼鱼阶段各鳍略带黄色，在成长过程中逐渐消失，而呈暗灰色并带点浅绿色，胸鳍与腹鳍的鳍尖为金黄色。体形较短小，侧线特别显露，其中以鳞片带有紫色的最为名贵。③过背金龙（malayan bonytongue）。产自马来西亚。全身长有金色略带绿色的鳞片，鳞框略带有粉红色与金黄色，体侧的亮鳞可达到第四排，甚至达到第五排。体色随着鱼龄的增加而加深，金色鳞片越过背部，从鱼身的一边跨越到另一边，其中以带蓝色光泽的过背金龙最昂贵。④红龙（red arowana）。产自印度尼西亚的苏门答腊和加里曼丹一带的河流。幼鱼的鳍呈淡淡的金绿色，鳞片边缘略带粉红色，嘴部则为浅红色。成鱼鱼体呈金黄色，鳞片边缘带有金红色的鳞框，嘴部及鳃盖均带有深红色的斑纹，各鳍均呈深红色。全身闪闪生光。依照鳞框的颜色，可分为辣椒红龙、血红龙、橙红龙、

过背金龙

红龙鱼

黄尾龙

橘红龙、咖啡红龙、黄金红龙等，尤以前3种常见，以辣椒红龙为极品。⑤黄尾龙（yellow-tail arowana）。产自印度尼西亚的加里曼丹。成鱼的鳍全部为黄色，鳞片色泽没有红尾金龙亮丽。

◆ 生活习性

龙鱼在弱酸性乃至中性水质中都能生活良好。适宜水温20～30℃，以25～28℃较好。龙鱼喜欢游动，需宽敞的生活空间。一般25厘米长的龙鱼，需在长为1米的水箱饲养；60厘米长的龙鱼，则需在长为1.5～2米的水箱饲养。有跃出水面的习性，饲养水族箱要加盖。龙鱼捕食凶猛，杂食性。各种昆虫、小鱼小虾、冷冻饵、肉块甚至是动物内脏都是龙鱼喜欢的饵食。青蛙、蟋蟀、蜈蚣、蜘蛛、蟑螂等都是龙鱼特别喜欢的活饵。在正常饲养条件下，龙鱼生长很快。银龙1年可由雏鱼长至60厘米，金龙可长至50厘米。龙鱼记忆力很强，对人友善。长期饲养的龙鱼，对主人表现亲昵。可在主人的手掌中进食，也允许主人用手抚其头和背。但生性胆怯，不可用手击缸，以防龙鱼在惊慌中乱撞折须。

锦　鲤

锦鲤是动物界脊索动物门硬骨鱼纲鲤形目鲤科鲤属鱼类。锦鲤身具色彩和斑纹，观赏价值高。

除德国锦鲤外的所有锦鲤，从生物学意义上讲都属于同一物种。根据锦鲤的色彩及斑纹的不同，可分出100多个品种。锦鲤的遗传变异性很大，如昭和三色的雌雄个体交配，子1代中出现昭和三色特征的概率仅为 20%，与亲鱼的色彩、花纹完全相同的概率仅有千分之几。

◆ **概况**

公元前 533 年，中国就有关于锦鲤饲养方面的书籍，当时锦鲤的色彩仅限于红、灰两种，且锦鲤的饲养目的仅限于食用。公元前 200 年，锦鲤从中国经由朝鲜传入日本，之后一直到 17 世纪，逐渐在日本西北海岸的新潟地区建立起锦鲤的养殖中心。日本于 1804～1829 年，将普通鲤改良成锦鲤，故锦鲤被称作日本"国鱼"。后来，培育出了德国锦鲤。

19 世纪，当地通过人工繁殖和家系选育，形成了红色、白色和亮黄色品种，然后通过红色和白色锦鲤的杂交，成为有史以来最早的红白锦鲤。同样，陆续出现了浅黄、黄写和别光锦鲤。这些种类的锦鲤能够几个世代保持稳定的性状，由此出现了一系列品系。

20 世纪初，日本引进了一些德国锦鲤，并与浅黄锦鲤杂交首次繁殖出秋翠锦鲤（德国锦鲤的一种）。1914 年以后，锦鲤逐渐被引到新潟地区以外饲养，整个锦鲤养殖业开始繁荣起来，而在不断杂交育种的尝试下，陆续出现了一些新品种：如大正三色（红白锦鲤 × 别光锦鲤，1917）、黄写（黄别光锦鲤 × 真鲤，1920）、白写（黄写三色 × 白别光，1925）、昭和三色（1927）、黄金（1947）、昭和黄金（1958）、松叶黄金（1960）、孔雀黄金（1960）等品种。

◆ **主要种类**

红白锦鲤

鱼身色彩是白底上具有红色花纹的锦鲤。红白锦鲤是锦鲤中最具观赏价值也是最引人瞩目的品种。格言道"始于红白，而终于红白"就说明了这一点，意思是刚出现红白锦鲤时为之赞叹，以后虽然又出现了许多其他种类，令人眼花缭乱，但最终还是觉得红白锦鲤最好。

红白锦鲤

大正三色

白底上有红色或黑色斑纹的锦鲤称为大正三色。其基本要求是头部仅有红斑而无黑斑，胸鳍上有黑色条纹或无黑色条纹。大正三色同红白一样，是锦鲤的代表品种。

昭和三色

黑底上有红、白斑纹，胸鳍的基部有黑斑的锦鲤称为昭和三色。昭和三色与大正三色的区别在于：虽然二者都有红、白、黑 3 种颜色，但大正三色是白底上有红、黑两种斑纹，而昭和三色则是黑底上有红、白两种斑纹。具体区别有 3 点：①大正三色头部无黑斑，而昭和三色有。②大正三色的黑色呈圆块状，分布于鱼体侧线以上部分，而昭和三色的黑斑呈连续的带状或细纹状，遍布于全身，包括侧线以下的腹部。③大正三色的胸鳍是全白或有黑条纹，而昭和三色的胸鳍基部必定有圆块状黑斑。实际上，大正三色和昭和三色的黑斑在"质"上是有区别的：前者是白底上的黑斑（墨穴），后者的黑斑无白底衬托。

别光

白底、红底或黄底上有黑斑的锦鲤称为别光，属大正三色系列。

写鲤

黑底质上有三角形白、黄或红斑纹的锦鲤。

浅黄

背部呈深蓝色或浅蓝色，成片蓝色或浅蓝色鳞片的外缘（覆轮）呈白色，头部两侧鳃盖、腹部及各鳍基部均呈红色的锦鲤称为浅黄锦鲤。德国鲤系统的浅黄锦鲤称为秋翠。

衣鲤

红白锦鲤或二色锦鲤与浅黄锦鲤交配所产生的品种。

黄金与白金

全身都是金黄色的鲤鱼称为黄金锦鲤。黄金锦鲤与灰黄金锦鲤交配，得到1种全身银白色的锦鲤，称为白金锦鲤。德国鲤

黄金锦鲤

中全身银色的锦鲤称为德国白金。

金银鳞

金银鳞类锦鲤的鳞片能发出金色或银色光彩，故称"金银鳞"。如红白锦鲤带有发光鳞片者则称银鳞红白，类推可得出银鳞昭和、银鳞三色等。

丹顶

头部有 1 块圆形红斑，而鱼体上无红斑的锦鲤称为丹顶。丹顶只能在头部有 1 块圆形红斑。

◆ **生活习性**

锦鲤个体较大，体长可达 1 米，重 10 千克以上。锦鲤生性温和，喜群游。生长适宜水温为 20 ～ 25℃，对水温、水质的要求不严，可生活于 5 ～ 30℃ 水温环境。适于生活在微碱性、硬度低的水质环境中。锦鲤杂食性，一般采食软体动物、高等水生植物碎片、底栖动物以至细小的藻类或人工合成颗粒饵料。锦鲤性成熟为 2 ～ 3 龄。锦鲤每年 4 ～ 5 月产卵。锦鲤寿命长，平均约 70 岁。

◆ **养殖**

锦鲤易饲养，可在公园、庭院的水池中饲养，也可选择室内水族箱内饲养。但养殖时需注意防治痘疮病、肤霉病、皮肤发炎充血病、赤皮病、肠炎病、黏细菌性烂鳃病、白头白嘴病、竖鳞病、打印病、烂尾病、斜管虫病、黏孢子虫病等。

海水观赏鱼

雀　鲷

雀鲷是动物界脊索动物门硬骨鱼纲鲈形目雀鲷科鱼类。雀鲷主要分布于大西洋和印度洋—太平洋热带水域。

◆ 形态特征

雀鲷体高，尾鳍叉形，类似近缘的丽鱼，且像丽鱼一样，头两侧各具一个鼻孔。许多种类色彩鲜明，色调常呈红、橙、黄或蓝色。体长大多在 15 厘米以内。性活泼，行动敏捷，占域行为明显，进攻性强。

五线雀鲷

◆ 种类

约 250 种，主要观赏种类有：①小丑鱼。又称双锯鱼小丑鱼。红白相间，原生于印度洋和太平洋较温暖的水中，杂食性，低经济；水族馆常见种类。②三间雀鱼。体呈银白色，体侧有 3 条较宽的黑褐横带。腹鳍为黑色。体长 60 毫米。系海洋暖水性鱼类。分布于印度洋—西太平洋海域，活动于珊瑚礁区，聚群生存，觅食各类有机物碎屑及小型猎物。可作为观赏鱼。③蓝雀鲷体色光亮娇艳，鱼体上半部分为浅蓝色，下半部分为深蓝色；腹部和尾部呈米黄色，杂食性，可喂食人工饲料或活饵，分布于印度洋—西太平洋区。④三斑雀鲷。体呈椭圆形而侧扁，体黑褐色，各鳍颜色较淡但绝无黄色。分布于印度洋—西太平洋区幼鱼及成鱼皆一样，喜独居且有领域性。⑤光鳃鱼。身体的上半部分为粉红色，下半部分为灰绿色，分布于印度洋—西太平洋区，中小型之雀鲷，可食用，一般不为渔获对象鱼。有人将其作观赏鱼之用。⑥豆娘鱼。身上有 6 道深绿色的条纹，其中黄、蓝相间，暖水性鱼类。广泛分布于印度洋—太平洋区，中小型之雀鲷，可食用，一般不为渔获对象鱼。有人将其作观赏鱼之用。

◆ 生活习性

鲷科鱼类生活习性依不同种间差异很大，有成群小范围巡游于水层中觅食浮游动物之豆娘鱼属；有极具领域性，偏草食性的真雀鲷属；还有平常于枝状珊瑚上觅食浮游动物，遇有敌踪即躲入珊瑚丛中的圆雀鲷属；甚至有栖所专与海葵共生的海葵鱼属，演化多样性。此外，本科鱼类具有特殊的繁殖求偶行为，如护巢、护卵等。有些鱼则有性转变，如圆雀鲷属的小鱼一群聚中只有一尾雄鱼，其余均为雌性，但当此雄鱼死亡或离开后，其中一尾雌鱼很快转变成雄鱼来替代之。海葵鱼属的性别转变则反之。

◆ 经济价值

本科鱼种除少数温带鱼属可长至 30 厘米而具有经济价值外，其余各种最大体长均在 10 ～ 15 厘米，故少有食用价值。但少数色彩鲜艳的鱼种为热带水族养殖宠物，其中以海葵鱼最受欢迎。有些种类已可在水族缸中繁殖。

关刀鱼

关刀鱼是动物界脊索动物门硬骨鱼纲鲈形目蝴蝶鱼科中一类形似关刀的海水观赏鱼的统称。关刀鱼是蝴蝶鱼科中较易饲养的一类观赏鱼。

分布于大西洋（热带至温带）、印度洋和太平洋，主要分布于印度洋与西太平洋的热带珊瑚礁海域。

◆ 形态和种类

关刀鱼种类众多，颜色艳丽，花纹独特，体形如中国传统的关公大刀，故名。不同品种的形态存在较大差异，主要按照体形、花纹、鱼鳍进行分类。关刀鱼身体极侧扁，头部短小，吻小而尖，背部高而隆起，整个身体侧面成近似三角形的碟状，扁平的躯体利于其在珊瑚礁岩缝中穿梭。多数品种背鳍细长而高耸。关刀鱼体色和花纹往往与所在区域的珊瑚颜色相似，形成环境色，便于隐匿。成鱼体长通常在 15 ～ 25 厘米，有些品种如花关刀体长可达 30 厘米。观赏鱼市场常见的品种有黑白关刀、印度关刀、魔鬼关刀等。

◆ 生活习性

关刀鱼为暖水性小型珊瑚礁鱼，多栖息于珊瑚礁、潟湖、近海沿岸及外礁斜坡的深水地带，肉食性，以动物性浮游生物、珊瑚虫、小型甲壳类为食，也会捕食小型无脊椎动物。在饲养条件下，可投喂鲜碎肉、冰鲜动物性饵料和人工配合饲料等。关刀鱼性情温驯、胆怯，动作敏捷，常隐身于珊瑚礁石之间。幼鱼偶尔会摄食其他鱼类表皮上的寄生虫。

倒 吊

倒吊是动物界脊索动物门硬骨鱼纲鲈形目粗皮鲷科鱼类。又称刺尾鱼。

倒吊广泛分布于太平洋和印度洋的热带珊瑚礁海域。倒吊侧面轮廓高而扁平，呈椭圆形体形，尾部尾柄两侧长有尖锐的倒刺，用来争夺领地和防身。倒吊鳞片末端有小突起，给人皮肤粗糙的感觉。

主要观赏种类有：①黄倒吊。刺尾鱼属 1 种。分布于印度洋及太平洋之间海域。黄色卵圆形的身体，眼睛及鳃盖周围带有蓝圈，成鱼后会变成黄褐色。草食性。水族箱饲养条件下最大体长可达 19 厘米。宜饲养在体积在 200 升以上的无脊椎动物造景水族箱中。②七彩吊。俗称花倒吊。分布于太平洋岩礁海域。身体大部呈巧克力色，面部白色，背鳍及臀鳍底部亮黄色，各鳍带白边。水族箱饲养条件下最大体长可达 20 厘米。宜饲养在体积在 200 升以上的无脊椎动物造景水族箱中。③天狗倒吊。又称日本吊。分布于印度洋及太平洋之间海域。夏威夷地区的天狗倒吊往往比其他地区的颜色更艳丽。发育期，夏威夷天狗倒吊呈暗灰色，背鳍带蓝条纹，尾鳍带橘色条纹。水族箱饲养条件下最大体长可达 45 厘米。宜饲养在体积在

黄倒吊

七彩吊

天狗倒吊

500 升以上的无脊椎动物造景水族箱中。④蓝倒吊。又称太平洋蓝吊。分布于印度洋及太平洋之间海域，成群栖息于离海底 1～2 米的礁石区。因其卵圆形身体及黑色粗条纹而易区别于其他倒吊种类。体深蓝色，眼后及体侧上半部黑色，尾柄及尾鳍上下边黑色。水族箱饲养条件下最大体长可达 26 厘米。宜饲养在体积在 300 升以上的无脊椎动物造景水族箱中。杂食性。⑤黄三角倒吊。刺尾鱼科高鳍刺尾鱼属 1 种。分布于印度洋及太平洋之间礁岩海域。头三角形，嘴尖前突，眼睛位于头顶，身体前端高。体色金黄。水族箱饲养条件下最大体长可达 15 厘米。宜饲养在体积在 200 升以上的无脊椎动物水族箱中。杂食性，可喂以藻类、动物性饵料以及人工饲料。⑥珍珠大帆倒吊。刺尾鱼科高鳍刺尾鱼属 1 种。又称印度大帆吊、红海

蓝倒吊

黄三角倒吊

珍珠大帆倒吊

大帆吊。分布于印度洋及太平洋之间礁岩海域。身体呈暗色底色带明亮条纹及斑点。尾鳍蓝色带白斑点。亚成鱼比成鱼颜色鲜艳。水族箱饲养条件下最大体长可达40厘米。宜饲养在体积在400升以上的无脊椎动物造景水族箱中。

倒吊宜饲养在相对密度为1.022的海水中，水温要求为26～28℃。此科鱼食欲旺盛，喜食藻类，一天须多次投喂，能够接受冰鲜饵料和人工配合饵料。

海水神仙鱼

海水神仙鱼是硬骨鱼纲鲈形目盖刺鱼科鱼类，可供观赏。

海水神仙鱼广泛分布于世界各热带的海域，但绝大多数生活于西太平洋，尤其是珊瑚礁海域。海水神仙鱼鳃盖上长有棘刺。海水神仙鱼幼鱼身上的花纹和成鱼不同，因而很难辨别不同品种的神仙鱼幼鱼。

海水神仙鱼主要观赏种类有：①女王神仙鱼。分布于西太平洋珊瑚礁水域，水族箱饲养条件下最大体长可达25厘米。宜饲养在体积在300升以上的水族箱中。②国王神仙鱼。分布于东部太平洋岩礁水域。水族箱饲养条件下最大体长可达23厘米。宜饲养在体积在250升以上的水族箱中。③蒙面神仙鱼。分布于太平洋珊瑚礁水域。

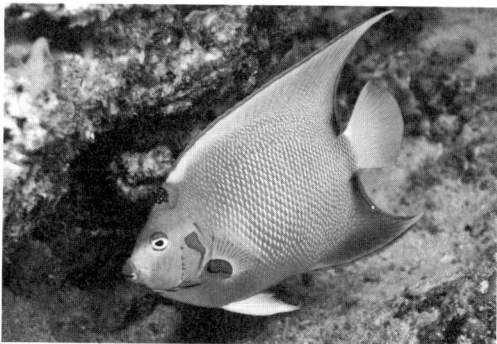

女王神仙鱼

水族箱饲养条件下最大体长可达 18 厘米。宜饲养在体积在 200 升以上的水族箱中。④皇帝神仙鱼。分布于印度洋、太平洋及红海水域。水族箱饲养条件下最大体长可达 30 厘米。宜饲养在体积在 300 升以上的水族箱中。⑤极品神仙鱼。分布于西太平洋珊瑚礁水域。水族箱饲养条件下最大体长可达 25 厘米。宜饲养在体积在 300 升以上的水族箱中。⑥蓝面神仙鱼。分布于印度洋和太平洋水域。水族箱饲养条件下最大体长可达 45 厘米。宜饲养在体积在 500 升以上的水族箱中。⑦皇后神仙鱼。分布于印度洋及太平洋水域。水族箱饲养条件下最大体长可达 38 厘

国王神仙鱼

蒙面神仙鱼

皇后神仙鱼

米。宜饲养在体积在 400 升以上的水族箱中。⑧耳斑神仙鱼。分布于印度洋及红海珊瑚礁水域。水族箱饲养条件下最大体长可达 45 厘米。宜饲养在体积在 500 升以上的水族箱中。⑨法国神仙鱼。分布于大西洋西部水域。水族箱饲养条件下最大体长可达 40 厘米。宜饲养在体积在400 升以上的水族箱中。

饲养神仙鱼的水质要求为海水相对密度为 1.020 ～ 1.025，水温 25 ～ 28℃，pH 为 8.2 ～ 8.4。海水神仙鱼属杂食性鱼类，对饵料要求不高，喜食活饵，如小虾或贝肉，饲养时可投喂植物性饵料、动物性饵料和人工专用配合饵料。海水神仙鱼性好斗，争斗往往发生于相同大小的同种神仙鱼之间，不同品种和不同大小的神仙鱼间一般不会发生。因此，在饲养神仙鱼时，最好选择不同品种和不同大小的神仙鱼，且水族箱越大越好。

蝴蝶鱼

蝴蝶鱼是动物界脊索动物门硬骨鱼纲鲈形目蝴蝶鱼科。蝴蝶鱼游泳时似飞行中的蝴蝶，故名蝴蝶鱼。有些学者将本科分为蝴蝶鱼科及刺盖鱼科。多用作观赏鱼。

◆ 分布

蝴蝶鱼约有 18 属 190 种。分布于大西洋、印度洋和太平洋的热带和暖温带海洋珊瑚礁海域。中国产蝴蝶鱼科有 14 属约 57 种。蝴蝶鱼主要分布于南海，只有少部分进入东海南部。

◆ 形态特征

蝴蝶鱼体甚侧扁而高，菱形或近于卵圆形。蝴蝶鱼口小，前位，略能向前伸出。两颌齿细长，尖锐，刚毛状或刷毛状；腭骨无齿。鳃盖膜多少与鳃峡相连。椎骨10+14。蝴蝶鱼后颞骨固连于颅骨。侧线完全或不延至尾鳍基。体被中等大或小型弱栉鳞，奇鳍密被小鳍，无鳞鞘。臀鳍有3鳍棘；尾鳍后缘截形或圆凸。颜色都特别鲜艳，体色与所在区域的珊瑚颜色相似；在尾柄与背鳍之间常有眼形黑圆斑，这是蝴蝶鱼类的一大特征。蝴蝶鱼的体形和颜色与海水神仙鱼类相近，很容易混淆。

◆ 种类

蝴蝶鱼主要观赏种类有：①人字蝶。分布于印度洋及太平洋海域。水族箱饲养条件下最大体长可达19厘米。可投喂鲜碎肉、浮游动物性饵料和人工专用配合饵料。宜饲养在体积在200升以上的水族箱中。②月光蝶。又称背蝴蝶鱼。分布于印度洋及太平洋岩礁水域。水族箱饲养条件下最大体长可达21厘米。杂食性，可投喂藻类、冰鲜无脊椎动物和人工专用配合饵料。宜饲养在体积在300升以上的水族箱中。③印度三间蝶。分布于印度洋珊瑚礁

人字蝶

印度三间蝶

水域。水族箱饲养条件下最大体长可达 29 厘米。杂食性，可投喂藻类、冰鲜无脊椎动物和人工专用配合饵料。宜饲养在体积在 400 升以上的水族箱中。④天青蝴蝶鱼。分布于红海珊瑚礁水域，水族箱饲养条件下最大体长可达 14 厘米。肉食性，可投喂鲜碎肉、冰鲜无脊椎动物和人工专用配合饵料。宜饲养在体积在 200 升以上的水族箱中。⑤月眉蝶。分布于印度洋及太平洋岩礁水域，水族箱饲养条件下最大体长可达 21 厘米。杂食性，可投喂藻类、冰鲜无脊椎动物和人工专用配合饵料。宜饲养在体积在 200 升以上的水族箱中。⑥八带蝴蝶鱼。分布于印度洋及太平洋岩礁水域。水族箱饲养条件下最大体长可达 13 厘米。肉食性，可投喂鲜碎肉、冰鲜甲壳类动物和人工专用配合饵料。宜饲养在

天青蝴蝶鱼

月眉蝶

八带蝴蝶鱼

体积在 200 升以上的水族箱中。⑦铜间蝴蝶鱼。分布于印度洋及太平洋珊瑚礁海域。水族箱饲养条件下最大体长可达 20 厘米。肉食性，可投喂鲜碎肉、冰鲜甲壳类动物和人工专用配合饵料。宜饲养在体积在 200 升以上的水族箱中。⑧网纹蝴蝶鱼。分布于印度洋及太平洋海域。水族箱饲养条件下最大体长可达 17 厘米。

铜间蝴蝶鱼

肉食性，可投喂浮游动物性饵料和人工专用配合饵料。宜饲养在体积在 200 升以上的水族箱中。⑨冬瓜蝶。分布于印度洋及太平洋珊瑚礁水域。水族箱饲养条件下最大体长可达 17 厘米。肉食性，可投喂鲜碎肉、冰鲜甲壳类动物和人工专用配合饵料。宜饲养在体积在 200 升以上的水族箱中。

◆ 生活习性

蝴蝶鱼一般个体较小，数量较少。生活在热带珊瑚海区。蝴蝶鱼生性活泼，行动迅速，性胆怯，常隐身于珊瑚礁石间。蝴蝶鱼是肉食性或杂食性鱼类，以浮游甲壳动物、珊瑚虫、蠕虫、软体动物和其他微小动物为食。蝴蝶鱼对水质要求较高，要求海水的相对密度为 1.020 ～ 1.023，水温 26 ～ 30℃，pH 在 8 以下，很容易因水质改变而产生不适，发生严重的拒食现象。在水族箱饲养条件下，蝴蝶鱼最大体长为 13 ～ 21 厘米，不同种类略有差异。

保护和养护鱼类

淡水保护和养护鱼类

白　鲟

白鲟是动物界脊索动物门硬骨鱼纲鲟形目匙吻鲟科白鲟属一种。又称琴鱼、淫鱼、剑鱼、象鱼、鳣、鲔。白鲟是世界现存白鲟科中仅有的两个种之一，也是中国白鲟科中唯一的大型名贵鱼类，另一种为分布于北美的匙吻鲟。

◆ **分布**

白鲟为中国特有鱼类，主要分布于长江水系，干支流均有分布，以长江上游干流及各大支流和长江中游大型湖泊为主。白鲟有入海的习性，在东海、黄海曾有记录，钱塘江和甬江也曾有记录，疑为大潮汛时被潮水带入江内。

◆ **形态和种类**

白鲟体呈梭形，体表裸露无鳞，体色深灰或浅灰，身体可分为头部、躯干部和尾部3部分。吻特长，呈剑状，约占鱼体全长的1/3，并有神经和血管分布。尾歪形，上叶长大，下叶短小。白鲟的皮肤较厚，构造和脊椎动物的皮肤相似，由表皮和真皮组成。全身外表未发现盾鳞，盾鳞只在咽部的黏膜上皮出现。白鲟的骨骼系统主要由软骨组成，也有次生的膜成骨，头部无骨板，全部骨骼都有皮肤包被。

◆ **生活习性**

白鲟具有洄游的习性，其活动区域受环境因素的影响。白鲟在长江干流越冬，从支流到干流是其越冬洄游。在长江中游有大型湖泊分布的地区，白鲟也进入支流索饵，或者进入湖泊索饵与越冬。虽然在四川和重庆境内能够在周年内发现不同体长的个体，但是幼体较多，而成体较少。白鲟为单纯的动物食性，以鱼类为主要食物，其次是虾蟹类。白鲟健泳、凶猛、食量大。白鲟是底栖性鱼类，但它的食物并不受水层的限制，食物中常常有中上层和上层的种类。根据性腺标本材料，白鲟初次性成熟年龄雌性为 7～8 龄，体重 25 千克以上；雄性比雌性稍早一些，个体相应小些。白鲟的繁殖周期尚待研究清楚。

◆ **资源概况**

历史上，白鲟资源较为丰富。1981 年葛洲坝截流以后，坝下江段白鲟数量急剧下降。在坝下宜昌江段，建坝初期（1981～1987 年）每年可发现 10～32 尾成体；1988～1993 年，每年只发现 3～10 尾；1989 年，白鲟被列为中国一级重点保护动物；1994 年仅发现 1 尾；1995～2001 年，在长江中下游未发现白鲟；2002 年 12 月，在江苏南京下关附近发现雌性白鲟成体 1 尾，此后再未见踪迹。在葛洲坝坝上江段，白鲟资源也曾急剧下降的状况。据宜宾、泸州和重庆渔政站的不完全统计，1982～2000 年近 20 年长江上游白鲟的总误捕数为 42 尾。

2003 年 1 月，在长江上游四川南溪江段误捕救护放流白鲟成体 1 尾，这是最后 1 尾关于白鲟活体的记录。2022 年 7 月 21 日，世界自然保护联盟（IUCN）更新濒危物种红色名录，白鲟从极危级保护物种名录调至已经灭绝物种名录。

在 20 世纪 70 年代，长江沿江各省均有捕获，但产量未做详细统计，估计每年产量在 25 吨左右，其中四川江段年产约 5 吨，产量较为稳定。1983 年以后，白鲟被国家列为保护动物，禁止进行商业捕捞。历史上，未曾有过白鲟人工繁殖成功案例，人工蓄养技术也未突破，故人工环境下没有养殖的白鲟活体。

◆ 价值

白鲟科化石见于白垩纪末期，是较古老的鱼类类群之一，是已知地球上淡水生态系统中个体最长的鱼类，在研究鱼类进化和地质地貌变迁方面具有重要的科学研究价值。白鲟个体硕大，生长迅速，其潜在的经济价值也很大。同时，其独特的体形和捕食能力和行为等是很好的仿生材料；白鲟为大型食肉动物，在长江生态系统中的生态价值难以估量。

中华鲟

中华鲟是硬骨鱼纲鲟形目鲟科鲟属一种。又称鲟鲨、大腊子。中华鲟为中国特有种，属中国国家一级重点保护动物。

中华鲟曾广泛分布于中国近海以及长江、珠江等一些大型江河中，后仅长江中下游及近海水域尚有发现，其他江河中已经绝迹。

◆ **形态特征**

中华鲟体梭形，略呈三角形，躯干横切呈五角形，头较大，呈长三角形。吻端锥形，两侧边缘圆形，吻长占头长的 70% 以下，分布有梅花状感觉器官；吻须 2 对，近口端。中华鲟鼻孔大，位于眼前方；口大，下位，横裂；背鳍 1 个，后缘凹入，背鳍条数多于 44；尾鳍歪形，上叶发达，上缘有 1 纵行棘状硬鳞；全身被以 5 列骨板状大硬鳞，幼鱼皮肤光滑，成鱼皮肤粗糙。中华鲟头部和体背侧呈青灰色或褐色，腹部呈白色，各鳍均为青灰色，侧、腹板间的侧板下方体色有过渡区。中华鲟鳃盖膜与峡部相连，左右鳃孔分离；鳃耙细尖，数少于 30。

◆ **生活习性**

中华鲟生活于大江和近海中，是大型江海洄游性底层鱼类，最长寿命达 40 龄，最大个体体重 560 千克。由海入江，喜聚于河口。中华鲟杂食性，以动物性的食物为主，如摇蚊幼虫、蜻蜓幼虫及其他水生昆虫、软体动物、寡毛类、小鱼和藻类等。中华鲟产卵期一般停食。在长江，早期幼鲟的主要食物是摇蚊幼体和寡毛类；已到达长江下游的幼鲟主要以虾、蟹类为食；长江口的幼鲟主要以底栖鱼类为食，其次是植物性食物。成鱼栖息于近海水域，性成熟后洄游至江河上游产卵繁殖。中华鲟幼鱼随江河而下，次年 5～6 月间抵达河口进行生理调节、索饵育肥，8～9 月入海生活直至性成熟后进行溯河生殖洄游，溯江而上，其间停止摄食，于次年 10～11 月到达长江上游和金沙江下游。

◆ **生长与繁殖**

中华鲟生长较快，年平均增重 8～13 千克（雌）或 4.6～8.6 千克

（雄）。长江中华鲟雄鱼可达 2.5 米长、150 千克以上，雌鱼可达 4 米长、350 千克以上。最大个体重达 500 千克以上。雌性初次性成熟年龄 14 ～ 26 龄，雄性 8 ～ 18 龄。间隔繁殖周期 2 ～ 5 年。繁殖季节为 10 ～ 11 月，水温 16 ～ 20℃。成熟群体秋末于 10 ～ 11 月溯江河而上，在江河上游进行生殖。中华鲟长江流域产卵场位于上游重庆以上江段的深潭和金沙江下游（葛洲坝截流前）或葛洲坝下（葛洲坝截流后）水流湍急、河床岩石壅积处。2013 ～ 2016 年，未监测到葛洲坝下中华鲟的自然繁殖。中华鲟怀卵量 47.5 万～ 144.5 万粒。中华鲟卵沉性，椭圆形，灰绿色，具黏性。中华鲟受精卵在 17 ～ 18℃ 水温下 5 ～ 6 天孵化。

◆ **资源概况**

中华鲟个体大，具有很高的经济价值。20 世纪 80 年代葛洲坝截流前，中华鲟的亲鱼每年 9 ～ 11 月（10 月最集中）从长江下游溯河到四川江段的产卵场集群产卵繁殖，从而形成了捕捞的旺季。四川宜宾、泸州，湖北宜昌、江陵等地有专门渔业，渔具以滚钩、流刺网为主。下游诸省仅系兼捕，渔获较少。1972 ～ 1980 年，葛洲坝截流前的 9 年中，全流域中华鲟成体总渔获量为 4644 尾；1984 年起，中国禁捕中华鲟；1988 年，中华鲟被列为国家一级重点保护野生动物，在全国实施禁捕，但中华鲟资源量仍在逐年减少。

◆ **养殖概况**

中华鲟属大型经济鱼类之一，但由于过度捕捞已成为濒危物种，被列为国家一级保护动物。中华鲟已实现了人工繁殖及全人工繁殖。中国水产科学研究院长江水产研究所、中国三峡总公司中华鲟研究所等单位承担着中华鲟物种保种养殖和研究任务。中国法律法规禁止其商业开发利用。

人工培育的中华鲟

中国长江三峡集团有限公司
中华鲟研究所中华鲟子一代

鳇

鳇是动物界脊索动物门硬骨鱼纲鲟形目鲟科鳇属一种。又称鳇鱼、达氏鳇、黑龙江鳇、东亚鳇鱼。

在中国，种群鳇主要分布于黑龙江上游至下游，乌苏里江、松花江下游均有分布，过去嫩江下游偶有发现。俄罗斯黑龙江水系也有分布。

◆ 形态特征

鳇鱼体粗长成圆锥形，头、尾尖细。头略呈三角形，吻长而较尖锐。口下位，宽大，新月形。口的前方有2对触须，内侧一对较向前。眼小，距吻端近。左右鳃膜相互联结。身上有5行纵列的菱形骨板，上有尖锐而微弯的刺。鱼体其他部分的皮肤粗糙无鳞。背鳍位置远在体后方。尾鳍歪形，上叶长而尖。鳇体表为黑青色，两侧黄色，腹面呈灰白色，背骨板为黄色，侧骨板为黄褐色。鳇尾歪形，上叶大，向后方延伸。

◆ **生活习性**

通常采用鳇胸鳍第 1 硬鳍条横断磨片透明处理后鉴定年龄，1979
年在黑龙江肇兴和勤得利江段渔获鳇，7 龄以下全长 100 厘米以下，体
重约 6 千克；16 龄以下全长超过 200 厘米，体重约 50 千克；18 ～ 37
龄平均全长 200 ～ 300 厘米，体重 70 ～ 230 千克；38 龄以上个体全长
都在 300 厘米以上，体重 240 千克以上。

鳇幼鱼以昆虫幼虫、底栖动物为食。1 龄之后开始摄食小型鱼类，
成鱼为凶猛的鱼类，捕食雅罗鱼等小型鱼类，还吞食鲤、鲫、白鲑等多
种鱼类。在洄游期常捕食大麻哈鱼，冬季亦摄食，只是摄食强度下降，
生殖期间停止摄食。

鳇在黑龙江河口种群雄性 14 ～ 21 龄达性成熟，雌性 17 ～ 23 龄达
性成熟。雄性每 3 ～ 4 年繁殖 1 次，雌性每 4 ～ 5 年繁殖 1 次。水温影
响着雌性成熟的时间：同一年代的雌鳇，温暖年份早于寒冷年份提前进
入性成熟。雌鳇的平均绝对怀卵量为 97.7 万粒（18.6 万～ 422.5 万粒），
相对怀卵量为 3300 ～ 15100 粒 / 千克。鳇中游种群比河口种群较早进
入性成熟，雌性初次性成熟年龄在 11 ～ 16 龄。中游种群平均绝对怀卵
量 23.8 万～ 486.8 万粒，相对怀卵量 5000 ～ 11000 粒 / 千克。产卵从 5
月底至 7 月初，水位略有增加，水温为 12 ～ 20℃ 时进行。产卵高峰通
常发生在 6 月中旬，产卵场底质往往为卵石，带有大的侧槽江段。河口
种群往往在产完卵后离开产卵场返回河口摄食。

鳇不做远距离洄游，成体产卵前溯流向上游一定距离，产卵后一部
分个体顺流向下，有时进入湖中捕食，大部分留在河道和支流里觅食。

冬季集中到深水处越冬。标志放流的鱼经过 1 ～ 2 年，可以在产卵场半径 100 千米范围内捕到。

◆ **资源利用**

鳇中国产于黑龙江水系，肉味鲜美，卵盐渍成的"鳇鱼粒"更是名贵，鳔和脊索可制成鱼胶。2001 年调查发现，鳇渔获群体的全长、体重比 1979 年下降且低龄化，渔获量减少，盛产期主要江段 3/4 的渔船捕不到鳇。鳇个体大、性成熟晚，稚幼鱼期成活率低，补充群体量小，资源一旦衰败，恢复极其缓慢。

鳇为黑龙江特产的古老软骨硬鳞鱼类，在科研上占重要地位。鳇已被列入《国家重点保护野生动物名录》中的一级保护动物，还被列入《中国濒危动物红皮书》，应切实全面落实保护措施。

淞江鲈

淞江鲈是硬骨鱼纲鲉形目杜父鱼亚目杜父鱼科淞江鲈属一种。俗称四鳃鲈、花鼓鱼、花花娘子、松江鲈鱼。淞江鲈为近海洄游小型底栖鱼类。淞江鲈与黄河鲤、松花江鲑和兴凯白鱼并称为中国四大淡水名鱼，尤其以松江所产最为著名，且产量较多。

在中国，淞江鲈分布于黄、渤海和东海，北起辽宁鸭绿江口，南抵福建闽江口，沿岸各河流及河口均有分布。进入内陆水系者以上海淞江最为著名。

◆ **形态特征**

淞江鲈体延长，前部平扁，向后渐细。淞江鲈头大而宽平，棘、棱为皮所盖。吻宽而圆钝。眼小，眼间隔宽而凹入。鼻孔每侧 2 个，均有短管状突起。口大，端位。上下颌、犁骨及腭骨均具绒毛状牙带。舌宽厚。鳃孔宽大，鳃盖膜连于峡部。鳃耙退化为粒状突起。前鳃盖骨具 4 棘，鳃盖骨具 1 低棱，端部扁而钝。背鳍 1 个，鳍棘部与鳍条部之间具缺刻。臀鳍与背鳍鳍条部相对，同形。胸鳍大，圆形。腹鳍胸位。尾鳍圆截形。背鳍Ⅷ～Ⅸ，

淞江鲈

18 ～ 20；臀鳍 16 ～ 18；胸鳍 17 ～ 18；腹鳍 I-4；尾鳍 18 ～ 26。体被粒状和细刺状皮质突起。侧线平直，黏液管 37。体黄褐色，体侧具暗色横带 5 ～ 6 条。鳃盖膜和臀鳍基橘红色。背鳍鳍棘前部具一黑色大斑。头侧鳃盖膜各有 2 条红色斜带，似 4 片鳃叶外露，故有"四鳃鲈"之称。

◆ **生活习性**

淞江鲈栖息于近海沿岸浅水水域，以及与海相通的河川江湖中。在淡水中生长肥育，然后降海到河口附近浅海繁殖。在长江口，幼鱼在 4 月下旬至 6 月上旬溯河，12 月至次年 1 月降海繁殖，成鱼降海与当时的气温、水温状况关系密切。营底栖生活，白天潜伏于水底，夜间活动。淞江鲈为肉食性鱼类，40 毫米以下个体主要摄食枝角类，40 毫米以上个体主要捕食小型鱼虾。

◆ 生长繁殖

淞江鲈为 1 龄性成熟鱼类，个体较小。幼鱼生长较快，平均体长 6 月达 43 毫米，9 月为 50 ～ 85 毫米，12 月可达 120 ～ 140 毫米。最大个体体长可达 170 毫米。降海洄游时雄鱼先启程，雌鱼稍晚，性腺均处于 III 期，洄游过程中逐渐成熟。到达产卵场时雄鱼精巢发育至 V 期，雌鱼卵巢发育至 IV 期末，发情时迅速过渡至 V 期。卵黏性，结成团块状，淡黄、橘黄或橘红色，粘于产卵洞穴的顶壁上。雌鱼怀卵量 5100 ～ 12800 粒。产卵后雌鱼在 3 月、雄鱼在 4 月护卵结束，离开产卵场移向近岸索饵。长江口北侧、黄海南部的蛎牙礁是淞江鲈的产卵场。

◆ 资源利用

20 世纪 60 年代以前，淞江鲈具有较高天然产量；70 年代以来，随着工农业发展导致水域污染，水利设施大量兴建造成其洄游通道受阻，其补充群体不断减少，淞江鲈自然资源锐减；至 80 年代初，已不能成汛；截至 21 世纪初，野生种群已基本绝迹。

◆ 资源养护

为保护淞江鲈的自然资源，《中国物种红色名录》将其列为濒危物种，中国将其列为国家二级重点保护野生动物，严禁其自然资源的捕捞和贩卖。淞江鲈已成功实现人工繁殖，相关研究机构已经连续多年开展了科学的人工增殖放流，以期挽救和恢复这一濒危种质资源。

◆ 价值

淞江鲈虽然个体较小，但肉味鲜美，且具有食补之效，经济价值较高。

大理裂腹鱼

大理裂腹鱼是动物界脊索动物门硬骨鱼纲鲤形目鲤科裂腹鱼属一种。俗称弓鱼、竿鱼。为中国特有种。

◆ **分布**

大理裂腹鱼仅分布于中国云南省洱海及其通湖的支流。

◆ **形态特征**

大理裂腹鱼体细长，稍侧扁；体背稍隆起，腹部圆。头小，略呈锥形。吻稍尖。口端位，口裂深而向上倾斜，呈马蹄形；上下颌约等长，下颌内侧微具角质，不形成锐利角质前缘；下唇细狭，不发达。分左右两叶，无中间页；表面光滑无乳突，唇后沟中断。须 2 对，极微小，口角须较吻须稍长，其长度小于或约等于眼径的 1/3；吻须末端后伸不达鼻孔前缘之垂直下方，口角须末端后伸接近或略超过眼前缘之垂直下方。眼大，侧上位；眼间宽，平坦或稍圆凸。体被细鳞，排列不整齐；臀鳞甚大；自峡部之后胸腹部裸露无鳞，仅在胸鳍末端之后的腹部具埋藏于皮下的鳞片。侧线完全，近直形，后伸入尾柄之正中。

◆ **生活习性**

大理裂腹鱼是一种适应于静水环境中生活的种类。在水的上中层活动，到春季结群溯河或溯溪沟而上进行繁殖。渔民根据它的产卵特性，在洱海上游支流用竹篱隔成篱坝，上溯鱼群受阻而群集于篱下然后进行捕捞，此渔法当地称为"弓渔沟"。冬季鱼集中在湖内有温泉渗出，水温较高的地方越冬。摄取动物性食料，以浮游动物为主，尤以枝角类为最多；其次是桡足类、昆虫及少量昆虫幼虫、虫卵；偶尔也见有绿藻和丝状藻类。

大理裂腹鱼在流水环境进行繁殖，繁殖高潮时不进食。生殖季节在4～7月，水温22～24℃，群集于弥苴河口一带产卵。卵粒沉于水底沙石上。一般雌鱼较雄鱼为大。在生殖期间，雌鱼很少摄食或停止摄食，而消耗储存于体内丰富的脂肪。5月份所采得的标本，卵巢有发育到Ⅳ期，肛门处特别膨大，带淡红色，臀鳍长且肥厚。雄鱼精巢发达，吻部出现发达的珠星，至9月份仍有珠星可见。

◆ **资源利用**

大理裂腹鱼体形虽不大（大者生长到200～250克，小的只有50～100克），但是产量很大，年产量25万～50万千克。大理裂腹鱼属中国国家二级保护动物，《中国生物多样性红色名录——脊椎动物卷（2020）》中，大理裂腹鱼属极危（CR）物种。

唐 鱼

唐鱼是动物界脊索动物门硬骨鱼纲鲤形目鲤科唐鱼属一种。俗称红尾鱼、白云金丝、白云山鱼。

◆ **种群与分布**

唐鱼野生种群数量稀少，仅见分布于中国广州及珠三角周边森林溪流及海南岛、广西桂平、香港，以及越南部分地区。

◆ **形态特征**

唐鱼体细小，长而侧扁，体高约等于头长。腹部圆，无腹棱。吻短而圆钝。口亚上位，口裂小，略下斜。下颌突出于上颌之前，上下颌前端无相吻合的凹陷和突起。无口须。眼大，侧上位。延后头长显著大于吻长。眼间距为吻长的 2 倍。前后鼻孔无鼻瓣相隔，每侧鼻孔呈纵长形单一开孔。体被圆鳞，鳞片中等大小。无侧线。背鳍 III-7-8，起点在背鳍基部下方约与背鳍的第二或第三分枝鳍条相对，鳍条不特别延长。下咽齿 2 行，末端钩状。鳃耙短小、稀疏。腹膜灰白。

◆ 生活习性

唐鱼多栖息在山区清澈的溪流微流水的环境中。常活动于水体的中上层。性活泼，温和，不怯生。虽然为生活在南方的群体，尚能耐寒，水温降至 5℃ 时，仍能正常生活。适宜生长水温 10 ～ 30℃，最适为 18 ～ 25℃。适宜生活的 pH 为 6.5 ～ 7.5。为杂食性小型鱼类，以食浮游动物和腐殖质为主，喜食活饵。

唐鱼寿命可达 3 年，唐鱼分为成鱼（体长大于 23 毫米）、幼鱼（体长 12 ～ 23 毫米）和仔、稚鱼（体长小于 12 毫米）。养殖唐鱼在水温 16℃ 以上，饵料充足条件下全年可以繁殖；在温度适宜及食物充足的条件下，最小性成熟年龄为 45 天。自然条件下唐鱼的繁殖期尚未明确，可能 1 年产卵 2 次，繁殖季节为每年的 3 ～ 4 月和 10 ～ 12 月。唐鱼亲鱼在大群体饲养并且缺乏水草的条件下，极少发现有繁殖行为。

唐鱼喜欢在日光照射的条件下产卵。6 月龄达性成熟，分批成熟、分批产卵类型，年可产卵多次，每次产卵 150 ～ 300 粒，产卵前雄鱼不停地追逐雌鱼，雌鱼产卵后雄鱼即行授精，雄鱼亲鱼有护卵习性。卵子近圆形，直径约 1 毫米，具黏性，黏附在水草上孵化。

◆ **资源概况**

野生状态的唐鱼种群基本绝迹，而作为观赏鱼类，已被扩散到世界部分地区饲养。人工繁殖成功后，中国香港设有从事唐鱼繁育、外销的市场。唐鱼还是中国国家二级野生保护动物，已被列入《中国濒危动物红色名录·鱼类》（2016），为极危（CR）物种。唐鱼的驯养和繁殖工作已有成功的经验。

新疆大头鱼

新疆大头鱼是动物界脊索动物门硬骨鱼纲辐鳍亚纲鲤形目鲤科新疆大头鱼属一种。又称大头鱼、虎鱼、扁吻鱼。

◆ **分布**

新疆大头鱼分布于中国新疆南部喀什、莎车、阿瓦提、焉耆、乌拉斯台、若羌、克孜河和博斯腾湖等地的塔里木河水系，海拔在 800～1200 米。

◆ **形态特征**

新疆大头鱼身体肥大，呈长梭形，稍微侧扁。头部占身体的比例较大，吻部扁平，呈楔形。口宽大，口裂呈斜状，下颌略微突出于上颌之前，前端较厚，其边缘没有角质。口角处有短须 1 对，口内有 3 行细柱状且尖端有钩的下咽齿。腹背部鳞片细小，体侧鳞则较大，肛门及臀鳍基两侧各有 1 行特大臀鳍，臀鳞发达。眼睛为椭圆形，位于头的侧上方，靠近于吻的端部。身体表面有细细的鳞片，但胸部裸露无鳞，腹部的鳞片则埋藏于皮的下面，臀部的鳞片行列的前端接近或到达腹鳍的基部。

背鳍有很强的硬刺，其后侧具有细细的锯齿，鳍的起点到吻端的距离大于到尾鳍基部的距离。腹鳍的起点位于背鳍起点的下方或稍后方。尾鳍呈分叉形。体背的颜色为青灰色，腹部为银白色，每个鳍均呈浅橙红色，体表有很多不规则的黑褐色斑点。

◆ 生活习性

新疆大头鱼是随着青藏高原的抬升而逐渐定居于西北地区的物种，生活在水位变化较大、水温较高的静水水体或缓流的湖泊之中。栖息地大多河床宽阔，底质多为土壤，沿岸多为放牧草场，有大量的有机质和无机盐被冲流入水，鱼类饵料生物丰富，湖水矿化度低。新疆大头鱼为凶猛肉食性大型鱼类，幼鱼主要以底栖动物为食，成鱼主要以鱼为食，如塔里木裂腹鱼、条鳅、鲤、鲫、棒花鱼、麦穗鱼等。

◆ 生长与繁殖

新疆大头鱼最大个体可达 2 米，体重 40 千克以上，平均体长：1 龄鱼 8.6 厘米，2 龄鱼 16.1 厘米，3 龄鱼 22.2 厘米，4 龄鱼 28.6 厘米，5 龄鱼 33.8 厘米，6 龄鱼 38.6 厘米，7 龄鱼 42.4 厘米，8 龄鱼 47.6 厘米，9 龄鱼 52.0 厘米，10 龄鱼 57.0 厘米，11 龄鱼 60.2 厘米，12 龄鱼 63.5 厘米，13 龄鱼 66.5 厘米，14 龄鱼 70.5 厘米，15 龄鱼 75.3 厘米。

新疆大头鱼繁殖期为每年的 4 月底至 5 月初，性腺发育周期为 2 年，为隔年产卵鱼类。其卵巢基本同步发育成熟，繁殖周期短，属一次性产卵鱼类。成熟鱼卵呈黄色，卵径 1.36～1.56 毫米，怀卵量 17.5 万～49.7 万粒。鱼卵具有微黏性，黏着在沙砾或沙质河床上发育。

◆ 资源利用

由于环境条件恶化及过度捕捞，新疆大头鱼野生资源量严重下降，已被列入《中国濒危野生动物红皮书·鱼类》，属国家一级保护动物。新疆大头鱼人工繁殖已经取得成功，"异地保护"已逐步建立，但是保护自然水域中的野生种质资源相当重要，因此"就地保护"与"异地保护"相结合，才能有效地保护和发展新疆大头鱼资源，并保证其种质资源的纯正、不退化。

川陕哲罗鲑

川陕哲罗鲑动物界脊索动物门硬骨鱼纲鲑形目鲑科哲罗鲑属一种。又称四川哲罗鲑、勃氏哲罗鲑、虎鱼、猫鱼、虎嘉鱼等。

川陕哲罗鲑种群在中国主要分布于西部的四川、陕西，以及东北部的黑龙江等地。

◆ 形态特征

川陕哲罗鲑体长梭形，略侧扁。头部无鳞，吻钝尖。眼侧位，眼间隔宽，口大，端位。上颌伸过眼后缘。背鳍始于体前后端的正中点，第一分枝鳍条最长，鳍背缘微凹。臀鳍约始于腹鳍基到尾鳍基的正中点。脂背鳍位臀鳍基的正上方。胸鳍侧下位，尖刀状，远不达背鳍。腹鳍约始于背中部下方，远不达肛门。尾鳍叉状，头体背侧蓝褐色，有十架形小黑斑，斑小于瞳孔；腹侧白色。小鱼体侧常有 6～7 暗色横斑，鳍淡黄色；生殖期腹部、腹鳍及尾鳍下叉橘红色。前颌骨有齿 18，上颌骨有齿 50，下颌每侧有齿 14。腭骨齿 13。犁骨前端有 3～4 齿，两侧各有 4 齿，舌有齿 2 行各 6 ～ 7 个，鳃孔大，鳃耙粗短。鳃膜骨条 13，鳃膜分离且游离。肛门临近臀鳍始点。鳔长大，一室胃发达，鳞为小圆鳞，无辐状沟纹。侧线完整，前端稍高。

◆ **生活习性**

川陕哲罗鲑多栖息于海拔 700 ～ 3300 米的山涧溪流、急流深潭中，水流湍急、溶氧量高、水温低水质好的河川支流中，且大多栖息在河川上游。川陕哲罗鲑具有优良的生长和遗传特性，1 龄鱼平均体长 216 毫米，2 龄鱼平均体长 406 毫米，3 龄鱼平均体长 596 毫米，4 龄鱼平均体长 786 毫米。历史资料显示，川陕哲罗鲑最大个体在 50 千克以上。川陕哲罗鲑是性情凶猛的食肉性鱼类，其生活习性等与细鳞鲑相近，喜欢捕食大型水生昆虫、鱼类、两栖动物、水鸟和水生兽类等，其中鱼类包括齐口裂腹鱼、重口裂腹鱼、马口鱼等。川陕哲罗鲑的繁殖期在每年 5 ～ 6 月，产卵场所在上游和下游均有急流且水位较深，成熟鱼卵产在近岸缓流区域的砾石上，雄性和雌性成双配对，前后追逐，共同筑巢。巢的直径为 150 ～ 300 厘米。水在巢内的流速为 40 ～ 60 厘米 / 秒。夜晚和清晨产卵，卵为黄色，没有黏性，直径 3 ～ 4 毫米。卵在产出后就沉入巢中，埋在沙砾石中发育孵化。幼体的生长比较缓慢，在 4 ～ 5 龄时达性成熟。

◆ **资源利用**

川陕哲罗鲑是第四纪冰川时期由北方扩散而来，冰期结束后在海拔较高、水温较低的河流中生存下来，并成为一个独立物种。它是历史气候变化的一个有力物证，在研究动物地理学、鱼类系统发育与气候变化等方面具有很高的科学价值。在中国，川陕哲罗鲑属于国家二级保护动物，已被列入《中国濒危动物红皮书》中。

由于栖息地自然环境的恶化及人为活动的加剧，使得川陕哲罗鲑栖息水域被污染，产卵场严重萎缩，产卵洄游通道被阻断，造成种群数量急剧下降，已处于濒危境地。在中国青海省玛可河已建成了川陕哲罗鲑保护中心，该中心开展川陕哲罗鲑产卵场监测、玛可河鱼类、两栖类、浮游生物、底栖生物等水生生物资源调查、基础理论研究及水域生态环境监测等工作，以期为川陕哲罗鲑野生种质资源的恢复提供科学依据。

似鲇高原鳅

似鲇高原鳅鲤形目条鳅科高原鳅属的一种。俗称土鲇鱼、石板头。

◆ 地理分布

似鲇高原鳅分布于中国甘肃靖远到青海贵德一带黄河上游的干支流及附属湖泊。

◆ 形态特征

似鲇高原鳅体前段宽阔，稍平扁，后段近圆形，尾柄细圆。头大，平扁。口大，下位，弧形。须3对，吻须2对较短，口角须1对长。眼小。体无鳞，体表皮肤散布有短条状和乳突状的皮质突起。侧线平直。背鳍位体中部，与腹鳍相对；胸鳍平展；尾鳍内凹，上叶稍长。体背侧黄褐色，腹部浅黄，体背及体侧具黑褐色的圈纹和云斑，各鳍均具斑点。

◆ 生活习性

似鲇高原鳅属生活于海拔较高的高原河流鱼类。附属湖泊上游的河口地区数量较多。似鲇高原鳅常喜潜伏于干流、大支流等水深流急的砾石底质的河段，也栖息于冲积淤泥、多水草的缓流和静水水体，营底栖生活。7～8月产卵。似鲇高原鳅为肉食性鱼类，成鱼以捕食鱼类为主，幼鱼食水生昆虫幼虫。为鳅类中最大的种，体重达1.5千克。

◆ **种群动态**

似鲇高原鳅为产地的经济鱼类，因过度捕捞以及本身生物学生长缓慢等特性，资源量大幅度下降。似鲇高原鳅已被列入《中国濒危动物红皮书》名录，评估等级为易危（VU）。

高原鳅

高原鳅是硬骨鱼纲鲤形目条鳅科的一属鱼类。

◆ **地理分布**

高原鳅属鱼类个体小，有的种群数量大，分布于亚洲西部、青藏高原及其周围地区的江河、湖泊及沼泽中。

◆ **分类**

高原鳅属是鲤形目中已知物种数最多的属，超过120种（含亚种），常见种类有似鲇高原鳅、贝氏高原鳅、斯氏高原鳅等。中国有108种（含亚种）。

◆ **形态特征**

高原鳅身体细长，前段为圆筒形，后段稍侧扁，尾柄侧扁或细圆。头较短，侧扁或扁平，前端略尖。吻长约与眼后头长相等。口下位，唇稍厚，有皱褶或小乳突。具须3对，其中口角须较长。上颌中部平滑无齿形突起，下颌前缘呈匙形或锐利。眼中等，位于头的中部侧上方。背鳍一般位于身体中部，末根不分枝鳍条较柔软或变为光滑硬刺，通常有分枝鳍6～9。臀鳍分枝鳍条一般为5，个别6。尾鳍凹形或近截形。尾柄上无皮质棱。身体裸露无鳞或体后段背部或尾柄上有少数鳞片。侧线完全或不完全。第一鳃弓外侧鳃耙退化，内侧6～25。鳔前室包裹在骨质囊中，分为左右侧室，球形，其间为骨质的峡部；后室退化，或较发达，膨大呈游离膜质鳔；鳔前室发育程度和后室的形状因种类而已；骨质鳔囊侧囊的后壁为骨质。胃呈"U"形，肠的长短和绕折方式也因种类、食性而异。腹腔膜为黑色或灰白色。

高原鳅雄鱼第二性征一般比较发达，在头部两侧各有1个月牙形布满小刺突的隆起区，生殖季节特别明显，小刺突增多，变长。高原鳅下缘与邻近皮肤分开。高原鳅胸鳍第一到第三根鳍条表皮变厚，有的在胸鳍或臀鳍上有珠星。

海水保护和养护鱼类

黄唇鱼

黄唇鱼是动物界脊索动物门硬骨鱼纲辐鳍亚纲鲈形目鲈亚目石首鱼科黄唇鱼属一种。又称白花鱼、黄鳌鱼、大澳鱼、金钱鳘等。黄唇鱼是中国的特有种，也是石首鱼科物种中体形最大的；且为名贵珍稀鱼类，属于国家二级保护动物、濒危物种。

◆ **分布**

黄唇鱼主要产区在中国广东沿海和闽南渔场。地处东海、南海交汇处的南澳岛。原来黄唇鱼资源较为丰富，后来由于幼鱼栖息的江河下游、河口和生长海域生态环境的恶化，以及人为的过度捕捞，使黄唇鱼成为濒临灭绝物种。按鱼体外形区分，黄唇鱼有两种：一种头钝，称大鸥，又称排口或大头黄唇鱼，栖息在 10 米以上的深水处，纯海水区域较多；另一种头较尖，称白花，又称尖头白花，常栖息于咸淡水河口海域的中上层。东莞海域两种黄唇鱼都有，大头黄唇鱼较少见，尖头白花较多。

◆ **形态特征**

黄唇鱼体形呈长的纺锤形，背部隆起，腹部从胸鳍至肛门较平直，臀鳍至尾柄急速向上收窄。黄唇鱼成年后体长 1 ～ 1.5 米；重 15 ～ 30 千克，最大可达 50 千克。体长为体高的 3.4 倍，为头长的 4 倍，为尾柄长的 3.8 倍；尾柄长为尾柄高的 3.4 倍；头长为眼径的 5.75 倍，为眼间距的 7.2 倍，为吻长的 3.8 倍，为口裂长的 2.9 倍。鱼头背部呈八字形，中等大，侧扁。吻稍尖，吻长大于眼径，眼径大于眼间距。口前位，口裂从吻端向下侧倾斜，达眼前缘下方。上下颌有齿，尖细。背鳍起点在体长的 1/3 处，第三棘最长，为头长的 52%；胸鳍尖长；腹鳍胸位，在胸鳍的下方，第一鳍条延伸突出，呈线状；尾鳍呈标枪头状。头部被圆鳞、体被银圆般栉鳞。侧线完整，前半部呈向上的弧形，后半部较平直，至尾柄末端为 62 个，尾鳍处另有 18 个不明显的侧线鳞，直至尾鳍末端。体背侧棕灰带橙黄色，腹侧灰白色。胸鳍基部腋下有一个黑斑，背鳍鳍棘和鳍条部边缘黑色，尾鳍灰黑色，腹鳍和臀鳍浅色。

◆ **生活习性**

黄唇鱼栖息于近海水深 50 ～ 60 米海区，幼鱼栖息于河口及其附近沿岸，在水清时集群，水浊时分散。为肉食性鱼类，成鱼以小型鱼类和虾、蟹等大型甲壳类为食，幼鱼则以虾类为食。喜欢逆流浑水，厌强光。有集体产卵的习性。在此期间，其鳔内空气振动在水下能传出娓娓动听的声响，时强时弱，且有音乐之旋律，100 米周围海区可闻其声。

根据历年捕获的黄唇鱼性腺发育的资料统计，东莞海域，天然生长的黄唇鱼，体重要达 15 千克以上时才有完全成熟的卵。卵巢重可达鱼体重的 20%，卵粒大小如鲤的卵，吸水后比原来大 30% ～ 50%，黏性卵。黄唇鱼在清明至谷雨前后产卵，东莞海域的产卵场，在龙穴到大虎一带的狮子洋海域，该处虽为河口，但洋面开阔，各处水流情况不同、深浅不一，最深处有 30 多米，沉船较多，底部为沙质或蚝壳底。

◆ **资源概况**

黄唇鱼在 3 ～ 6 月向沿岸洄游，形成鱼汛。截至 2022 年，可供捕捞的黄唇鱼资源量已相当稀少，且鱼体逐年细小。可利用天然水域捕获的黄唇鱼种进行养殖，不投饵料，以大排大灌的方法，引入天然饵料。2022 年，黄唇鱼人工繁殖成功。以黄唇鱼的鱼鳔所制成的花胶十分珍贵，亦有广阔的市场应用前景。

鲥

鲥是动物界脊索动物门硬骨鱼纲鲱形目鲱亚目鲱科鲥属一种。俗称鲥鱼、锡箔鱼、鲥刺、三黎。为暖水性中上层鱼类，溯河洄游产卵。

◆ **分布**

鲥在中国分布广泛。从黄渤海、东海到南海，北起辽东半岛，南至广东、广西，东起江苏、浙江，西至四川、贵州均有分布。

◆ **形态特征**

鲥体呈长椭圆形。头侧扁。头背光滑。吻圆钝，中等长。眼较小，脂眼睑较发达。眼间隔窄。鼻孔明显。口较小，上下颌等长。前颌骨中间有显著缺凹。舌发达。口无齿。鳃盖光滑。鳃孔大。假鳃发达。鳃盖膜不与峡部相连。腹部棱鳞强，腹鳍前 16～18 枚，腹鳍后 13～14 枚。奇鳍基部具鳞鞘，偶鳍基部具尖长三角形腋鳞。尾鳍深叉形。背鳍 17～18；臀鳍 18～20；胸鳍 14～15；腹鳍 8。体被圆鳞，不易脱落。鳞片前部有 5～7 条横沟线。纵列鳞 42～44，横列鳞 16～17。头部光滑无鳞。无侧线。体背部具蓝绿色光泽，体侧银白色，吻部乳白色。各鳞灰黄，背鳍和尾鳍边缘灰黑色。幼体体侧有斑点。

◆ **生活习性**

鲥平时生活在海洋中，分布在 60 米等深线以内水域。溯河洄游性鱼类，4～6 月的生殖季节时溯河而上，在江河中下游产卵繁殖。生殖后亲鱼游归海中，幼鱼进入支流或湖泊肥育，至 9～10 月入海生活。终生以浮游生物为主要饵料，幼鱼滤食淡水浮游藻类、轮虫、枝角类和桡足类；成鱼在近海进行生殖洄游期间，大量摄食海产桡足类、硅藻、糠虾和磷虾等。当生殖群体接近河口时，摄食强度逐渐降低；进入江河后，基本停止摄食。

◆ 生长繁殖

雌鱼生长较快，幼鱼孵出后两个月能长至 50 毫米以上。长江水域资料记载，3 龄雌鱼体长 373 ～ 472 毫米；4 龄雄鱼体长 403 ～ 558 毫米，雌鱼 503 ～ 592 毫米；5 龄雄鱼体长 462 ～ 539 毫米，雌鱼 497 ～ 608 毫米。最大个体 8 龄，雌鱼体长可达 616 毫米。

鲥一生多次产卵，产卵群体中既有初次性成熟的补充群体，也有繁殖过的剩余群体。一般雄鱼 3 龄性成熟，雌鱼则需 4 龄。每年 4 ～ 6 月，溯河产卵，产卵期集中在 6 月中下旬。产卵场多在急水多石的沙质江段上，在傍晚或清晨进行生殖。亲鱼产卵常以尾击水，甚为兴奋。成熟的卵巢为橘黄色。IV 期初卵径 0.5 毫米左右，刚产出的卵径 0.7 毫米，吸水后达 1 毫米。产卵后卵巢松软缩小呈紫红色。鲥繁殖力极强，一般 2 ～ 3 千克的雌鱼怀卵量 140 万～ 250 万粒，最多可达 300 万粒。

◆ 资源利用

鲥个体较大，产量不高，鱼汛较短，以长江产量最高。为长江三鲜之一，江苏、安徽和江西是长江鲥的主要产区。以长江中下游为例，20 世纪 60 年代，具有稳定的天然资源，平均年产 440 吨；70 年代，开始出现较大波动；至 80 年代，产量剧烈下降，平均年产仅 79 吨；80 年代后期，已无鱼汛；至 21 世纪，已濒临灭绝。其资源衰退的主要原因有捕捞过度、幼鱼大量被捕杀、生长肥育阶段被截捕、水利工程影响、工业污染、近亲繁殖等。至 80 年代后期，其产卵场有效群体数量十分有限，导致后代生长速度减小，繁殖率和适应性降低，种群生存能力下降。

◆ **资源养护**

鲥已被《中国生物多样性红色名录——脊椎动物卷（2020）》列为濒危物种，其资源养护受到了渔业管理部门的高度重视。自 1987 年始，先是 10 年的禁捕保护，但未能有效控制天然资源继续衰退，资源濒临枯竭的现状无明显改变。2021 年调整的《国家重点保护野生动物名录》中，增加鲥为国家一级重点保护野生动物。加强开展鲥的人工授精、受精卵孵化及仔鱼培育等研究工作，掌握幼鱼的人工饲养技术，开展增殖放流，是恢复鲥资源产量的重要途径。

◆ **价值**

鲥为中国名贵经济鱼类，肉味鲜美，鳞下脂肪丰富，为鱼类之上品，驰名中外，经济价值较高，为人们所重视，且具食补功效。

刀　鲚

刀鲚是动物界脊索动物门硬骨鱼纲鲱形目鳀科鲚属一种。俗称刀鱼、毛花鱼、野毛鱼和梅齐等。

◆ **分布**

刀鲚分布于中国、朝鲜半岛和日本。中国的渤海、黄海、东海及通海江河的中下游及附属水体皆产。

◆ **形态特征**

刀鲚体长而侧扁，行似篾刀。体长为体高的 5.6～8.0 倍。头较大，吻短而圆凸。口大而斜，半下位。眼较大，近于吻端。眼间隔微凸。背部较平直，尾部延长。背鳍基短，臀鳍基部长，胸鳍下侧位，上部有 6

根鳍条游离呈丝状，向后伸越臀鳍起点到达基部 1/3 处附近。臀鳍短小。尾鳍不发达，上、下不对称，属次生歪尾形。胸、腹部具锯齿状尖锐棱鳞。侧线不明显。头、体背部青绿色，体侧银白色。鳃孔后部及各鳍基部橘黄色，鳃盖膜橘红色。上颌骨较长，向后延伸至或超过胸鳍基部。上下颌骨、口盖骨和犁骨上均有细齿。

◆ 生活习性

刀鲚分为洄游性刀鲚和定居性刀鲚，长江刀鲚为典型的溯河洄游产卵鱼类，多生活于水质较混浊的近海底层，分散生活，不集成大群。每年 2 ～ 3 月集结成群，汇集于长江河口区，分批上溯进入江河及通江湖泊，可达距长江河口 1400 千米的湖南洞庭湖。活泼善游，应激强、怕惊扰，网捕时，遇水流易逆水潜逃。16℃ 时水中含氧量低于 0.98 毫克 / 升时窒息；28℃ 时水中含氧量低于 3.07 毫克 / 升时窒息。为广温性鱼类，能适应 10 ～ 35℃ 的水体环境，生长适宜水温为 25 ～ 30℃，繁殖适宜水温为 20 ～ 28℃。刀鲚为肉食性鱼类，其中仔稚鱼主要以浮游动物为食，幼鱼及成鱼主要以十足类、底层虾类和小型鱼类为食。

◆ 生长与繁殖

刀鲚在幼鱼期间，生长速度最快，每天平均生长约 1 毫米，1 ～ 3 龄的生长速度较快，最大个体可达 6 龄。一般雌鱼生长快于雄鱼。刀鲚的性熟年龄为 2 龄，产卵盛期为 4 月下旬至 6 月下旬，2 ～ 4 龄雌鱼怀卵量为 5 万～ 10 万粒。人工催产采用背鳍基部一次注射法，每千克雌鱼剂量为 30 微克促黄体素释放激素 A2（LHRH-A2），雄鱼减半，每尾鱼的注射液体积小于 0.5 毫升，雌雄性比 1 : (1 ～ 2)。水温 22℃ 时，效应时间 21 ～ 24 小时，人工干预法授精或自然产卵。受精卵卵径 0.75 ～ 0.90 毫米，卵膜径 1.10 ～ 1.40 毫米，透明，具一个大的油球，属浮性卵。水温 22℃ 时孵化时间约 44 小时。

◆ **资源利用**

刀鲚为经济鱼类，有"长江三鲜"之首的美誉，是长江的主要捕捞对象之一，曾占汛期渔获数量的 50%。20 世纪 70 年代，长江刀鲚的汛期捕捞量一度高达 3750 吨，"春食江刀"为重要的江南民俗。2002 年起长江刀鲚已实行"渔业捕捞许可证"制度。2012 年，长江刀鲚捕捞量降至历史低点，仅为 57.5

刀鲚

吨。针对刀鲚资源量下降，中国已采取繁殖保护和人工放流措施，养护刀鲚资源。

◆ **养殖概况**

中国已突破刀鲚人工繁殖技术，建立了养殖技术标准。刀鲚养殖已从江苏和上海扩展到了安徽、浙江、湖北等地区，正逐渐成为一种前景广阔的优质淡水增养殖品种。

大头鳕

大头鳕是脊索动物门脊椎动物亚门硬骨鱼纲鳕形目鳕科鳕属一种。又称大头鱼、大头腥。

大头鳕分布于太平洋北部高纬度海域。在中国，主要分布在黄海中、北部，黄海南部的吕泗外海及渤海仅有少量分布。

◆ 形态特征

大头鳕体呈长形，稍侧扁；项背最高，向后渐尖；尾柄细；体长为体高4.9～5.7倍，为头长3.4～3.6倍。头亦稍侧扁，头长为吻长2.7～3.3倍，为眼径4.8～6.1倍。吻微突。眼位头中部稍前侧。口大，上颌较下颌稍长。两颌及犁骨有尖齿。下颏有1须，鳃孔大。头体有小圆鳞。大头鳕侧线高到尾部降为侧中位。三背鳍分离。第一背鳍12～14，始于胸鳍基的后上方；第二背鳍16～19，始于肛门后上方，鳍基较其他二背鳍基为长；第三背鳍18～20，后端不伸达尾鳍基底。臀鳍两个，鳍条数分别为19～22、18～20，分别与第二、第三背鳍相对。胸鳍短，略呈镰状。腹鳍喉位第2鳍条稍凸出，尾鳍凹截形。大头鳕背侧绿褐色有棕及黄色小斑，腹侧灰白色；背鳍、臀鳍、尾鳍灰色，腹鳍淡灰色。

大头鳕

◆ 生活习性

大头鳕属冷水性底层鱼类，通常栖息于水深50～400米、水温0～12℃的大陆架或大陆坡区域。在阿拉斯加和白令海，大头鳕主要聚集在

100～400米深的海域。另外，大头鳕也会栖息于深水海域中上层。黄海大头鳕群体一般栖息水深50～80米、泥沙或软泥底质海区，索饵适宜温度为5～10℃，最适温度为6～8℃。大头鳕的摄食种类以虾类和小型鱼类为主，主要摄食太平洋磷虾、脊腹褐虾、小黄鱼、方氏云鳚等。

黄海大头鳕基本属于地方性种群，不做远距离洄游，只做东西向及南北向由浅水区到深水区的短距离移动。产卵期间，黄海大头鳕群体主要分布在石岛以东及东南局部海域，产卵后开始进行索饵洄游。4月，低龄鱼开始北上洄游；5月，鱼群越过山东高角；5～6月，鱼群主要分布在黄海北部的海洋岛以南及东南海区，部分鱼群向北偏东方向移动，至鸭绿江口外海，产卵后的成鱼大部分游向石岛东南，越过东经124°线以东，此时中国近海很少捕到高龄大头鳕；6月后，黄海北部的鱼群大部分开始南移，多分布于山东高角及东北海区，一部分移动至渤海海峡外海；10月下旬前后，主要鱼群沿东经123°30′南移，广泛分布于烟威外海东部以及石岛外海；1～2月下旬又集中在石岛以东及东南海域。

◆ **生长与繁殖**

大头鳕的生长速度较快，2龄鱼体长便可达400毫米左右。以体长增长速度看，1～2龄大头鳕速度最大，年增长量约为200毫米。黄海大头鳕的产卵期在冬季的1～3月，2月为其产卵盛期。主要产卵场在石岛以东及东南局部海域，少数产卵鱼群在海州湾外海产卵。大头鳕属一次产卵类型，卵具弱黏性，属沉性卵。大头鳕怀卵量随亲鱼的大小而异，体长在370～460毫米的大头鳕怀卵量为33.9万～83.2万粒。

◆ **资源利用**

虽然黄海是太平洋鳕分布的边缘地带，已构成地方种群，但资源量不大。大头鳕曾是黄海重要的渔业捕捞对象，1959 年，产量最高达 2.8 万吨。由于过度捕捞，其资源从 20 世纪 70 年代开始衰退，至 1985 年只有 1776 吨的资源量。从 20 世纪 50 年代后期以来，大头鳕资源一直遭受生长型和捕捞型两种形式的过度捕捞。

◆ **资源养护**

大头鳕作为重要的渔业捕捞对象和经济鱼种，其资源量的大小将会直接影响中国海洋捕捞业的产出。大头鳕资源养护及管理主要采取以下措施：①伏季休渔制度。每年特定的时间在各海域实行伏季休渔，这为大头鳕的繁殖和幼体的生长提供了时间和空间，有效地保护了大头鳕的补充群体。②规定最适捕捞量。使补充量大于渔获量，即使是出现强盛世代的年份，亦需限制对初届成熟鳕的滥捕，以保证有雄厚的补充资源，提高渔获量。③限制作业时间。除适当捕捞产卵群体外，应加强对产卵后索饵群体的捕捞。9～10 月，可适当捕捞较高龄大头鳕，禁止捕捞 3～7 月的当年幼鱼和成熟前的 1 龄鱼。

◆ **价值**

在海捕鱼类中，大头鳕营养价值和口感都不错，特别是烤鳕鱼的味道更好，因而可用于加工烤鱼片和鱼

烤鳕鱼

罐头；鳕鱼片还可煎食。此外，其鱼肝大而且含油量高，富含维生素 A 和维生素 D，可用于提取鱼肝油。

海　鳗

海鳗是脊索动物门脊椎动物亚门硬骨鱼纲辐鳍亚纲鳗鲡目海鳗科海鳗属鱼类。又称鳗鱼、狗鳗、牙鱼、狼牙、狼牙鳝、门鳝、长鱼、即勾、勾鱼。海鳗是中国近海经济鱼类。

◆ 分布

海鳗广泛分布于非洲东部、印度洋及西北太平洋。中国沿海均产海鳗，主要产区在东海。中国近海海鳗有 3 个群系，黄渤海群系、东海中部群系和东海南部群系。

◆ 形态特征

海鳗体长可达 1 米以上。体延长，躯干部近圆筒形，尾部侧扁。吻长。头尖长，呈锥形。口裂大，上颌凸出。两颌牙尖而强，3 行。肛门位于体中部前方。背鳍、臀鳍、尾鳍相连；具有胸鳍，背鳍鳍条数 253 ～ 298，臀鳍鳍条数 186 ～ 236。海鳗体侧光滑无鳞，侧线孔明显，具侧线孔 140 ～ 153 个，椎骨 142 ～ 154 个。体背侧铁灰色，大型个体稍具青褐色，腹侧乳白色。

海鳗

◆ **生活习性**

东海海鳗为杂食性凶猛鱼类，终年摄食其生活水域内的各类海洋生物，以游泳动物和底栖动物为主食，摄食强度比其他鱼类大。即使是在产卵期间，海鳗的摄食也很旺盛（但正在产卵的海鳗基本不摄食）。摄食等级以 1 ~ 5 月空胃率较高，为 42.86% ~ 80.88%，可能与产卵期摄食减少和冬季饵料缺乏有关。全年摄食口足类和鱼类数量最多。海鳗的产卵时间较长，全年都有性成熟达 III 期的海鳗分布，产卵时间在 12 月 ~ 次年 7 月，集中产卵时间在 4 ~ 6 月，7 月海鳗进入产卵后的索饵期。海鳗为一次性产卵类型，其怀卵量较大，据 2002 ~ 2003 年测定结果，怀卵量为（5.0 ~ 384.74）万粒，平均怀卵量 32 万粒，卵呈球形，卵径 0.47 ~ 1.20 毫米，平均卵径 0.81 毫米。最小性成熟肛长雌性大于雄性。

◆ **洄游**

海鳗黄海、渤海群系。该群系越冬场位于北纬 31° 30′ ~ 33° 30′，东经 124° ~ 127°，40 ~ 100 米水深处，对马海峡中也有部分海鳗越冬（北纬 34°，东经 128° 附近海域）。3 ~ 4 月，鱼群从济州岛西南向西北方向移动；4 ~ 5 月，鱼群进入黄海；5 ~ 6 月，鱼群到达海州湾和朝鲜半岛沿岸，并继续北上；9 ~ 10 月，鱼群开始从北向南移动；10 ~ 11 月，鱼群密集于海州湾外海，然后向西南移动，冬季到达济州岛西南方越冬场，并与东海中部鱼群相混合。

海鳗东海中部群系。该群系的越冬场主要位于北纬 27° 30′ ~ 31°，东经 125° ~ 127°，即鱼外渔场、舟外渔场沿 60 ~ 100 米水深左右区域，与浙江南部外海鱼群越冬场相混合。3月，鱼群开始在外海集群；4月，鱼群向西北偏西方向移动（基本沿北纬131°线向近岸移动）；5～6月，鱼群在海礁渔场、嵊山渔场与东海南部群系沿岸北上的鱼群汇合，并一起向北游动；10～11月，鱼群转向东南移动，游向外海越冬场。

海鳗东海南部群系。主要沿闽东台湾海峡至浙江沿海作南北往返洄游。春季3月以后，随着水温上升，海鳗由外海越冬场向近岸移动，外海越冬鱼群主要从鱼外、温外渔场100米左右水深向南北麂、披山、大陈、鱼山附近海域移动，至5月到达鱼山列岛东南，与沿岸北上的鱼群汇合向北洄游；同时，沿岸鱼群由南向北进行产卵洄游。3月，鱼群从闽东台湾海峡开始集群；3～4月，鱼群分布在闽东至温州沿海，水深20～60米的水域；4月，鱼群分布在洞头、大陈以东海区；5月，鱼群分布在鱼山东南、大陈东北，水深30～50米水域；5～7月，鱼群向北到达嵊山海域；6～8月，鱼群到达吕泗、长江口、嵊泗外海40～50米水深处索饵；10月以后，鱼群从江苏吕泗沿海向南洄游；10～12月，鱼群经过长江口、东福山、嵊山、洋鞍、鱼山等海区，形成冬季海鳗生产的主要汛期；1～3月，鱼群返回浙江南部海域和外海越冬场越冬。该群系在福建至浙江沿海形成的主要捕捞区域有福建平潭外的闽中渔场、台山列岛至鱼山岛之间沿禁拖线附近，嵊山和长江口海域。

◆ **资源利用**

海鳗资源一直是沿岸渔民喜爱的水产品，尤其是闽浙一带渔区渔民主要的捕捞对象。在 20 世纪 60 ~ 70 年代开始开发利用，被沿岸和近海的对网、张网和钓具所捕获；90 年代开始，由于东海区横杆拖虾作业和单拖作业的发展，近海海鳗资源得到充分开发。2012 年中国海鳗的年渔获量达 36.3 万吨，占全国海洋捕捞总渔获量的 2.86%，最高年渔获量为 2006 年的 39.7 万吨，其中 2012 年东海区海鳗的产量 16.2 万吨，占全国产量的 44.6%。

随着海鳗资源的过度捕捞，渔获个体小型化明显，主要的渔获个体集中在肛长 250 ~ 400 毫米，占比约 46.8%。按照体长股分析法（LCA）估算，2006 年东海区海鳗的产量达 24.3 万吨的历史高位，此后一直在 15 万吨的水平上波动。

按照 B-H 模型估算的单位补充量渔获量，海鳗的补充年龄为 1.5 龄，捕捞死亡系数为 1.3，开捕年龄为 1.5 龄的情况下，其单位补充量渔获量为 614 克 / 尾。

◆ **资源养护**

尽管中国海鳗出现渔获物小型化、性早熟等变化，但仍具有一定的开发潜力，可通过以下具体做法养护海鳗资源：①在海鳗主要捕捞季节，禁止帆式张网、单拖、桁杆拖网等作业，而采用流、钓等作业方式。因伏休开捕后的 10 月为捕捞海鳗的高峰期，具体可采用适当延长伏休时间等做法。②控制海鳗产量的"零增长"和捕捞力量的"负增长"。③针对单拖、桁杆拖网等作业实行国家强制性的行业标准（增大网目尺寸）、规范作业网具。④可实行海鳗单鱼种的配额管理。

鲱

鲱是动物界脊索动物门硬骨鱼纲鲱形目鲱科鲱亚科一属。又称青条鱼、青九红线、海青鱼。鲱属世界重要海洋中上层鱼类。

◆ 分布

鲱广泛分布于北纬30°至亚北极海域。大西洋鲱分布于北大西洋，从比斯开湾、北海、斯堪的纳维亚半岛沿海、巴伦支海，到冰岛、格陵兰、纽芬兰沿岸、缅因湾，南至美国哈特拉斯角。太平洋鲱分布于北太平洋，如美国、加拿大西岸沿岸、阿拉斯加湾、白令海、俄罗斯东北部沿海、鄂霍次克海、日本海和黄海等。北纬36°00′～38°45′、东经122°30′～123°50′海区全年均有少量太平洋鲱分布。威海沿岸偶有发现。

◆ 形态特征

鲱体延长而侧扁，一般体长25～35厘米，体重20～80克。鲱口小而斜，侧上位。眼有脂膜。腹缘有弱小棱鳞。鲱背鳍始于腹鳍的前方，尾鳍深叉形。体被薄国鳞，鳞片较大。腹部钝圆，无侧线。腹缘有弱小棱鳞。背侧为蓝黑色，腹部为银白色。依椎骨数目的多少分为多椎鲱和少椎鲱两大类群。前者椎骨54～59枚，平均57，如大西洋鲱；后者椎骨46～56枚，平均54，如太平洋鲱。

鲱

◆ **生活习性**

太平洋鲱通常栖息于盐度较高的海区。在近岸，其适盐为 30 ～ 32；在外海主要分布于 32.5 等盐线附近。

冬末（2 月）性成熟的太平洋鲱开始向近岸移动，3 ～ 4 月间主群游进山东半岛荣成—威海近岸各湾口生殖，另有少量鱼群游向辽东半岛东南部沿岸和朝鲜半岛西岸浅水区产卵。产卵后，鱼群迅速游向外海深水区觅食，夏季广泛分布于黄海中北部、水深 60 ～ 90 米海域。秋季分布区向心收缩，冬季鱼群集中于黄海中央部、水深 70 ～ 90 米海域，太平洋鲱终年没有游离黄海，最大游程约 250 海里，其分布区南限在北纬 34° 附近。

太平洋鲱近 10 个月的时间（5 月至翌年 2 月），栖息分布于水深 60 ～ 90 米的浅水区。太平洋鲱昼夜垂直移动现象明显并有季节变化。12 月至次年 1 月的越冬鱼群已呈现出垂直移动现象，前期更为明显，中后期规律性不够强。太平洋鲱趋光季节变化几乎与垂直移动规律同步，即垂直移动最明显的季节趋光性也最强，垂直移动弱或不规律的季节，鱼群对光反应也较迟钝。太平洋鲱属于集群性鱼类，生殖季节及越冬期间鱼群常密集成许多单独的大群。索饵期间鱼群分布面虽较广，但仍有集结成群的习性。太平洋鲱集群程度与年龄有关，通常高龄鱼集群程度较强，容易密集成大群；低龄鱼集群性相对较差。在资源状况相近的年份，这种差异可明显影响围网捕捞效果。另外，与年龄有关的集群特性还影响到鱼群水平分布。

◆ **生长与繁殖**

2月中下旬，鲱生殖鱼群开始进入近岸产卵。产卵盛期为 3～4 月，5 月仅有少量个体产卵。太平洋鲱产卵场通常位于盐度较高，温度较低，水质清澈，海草丛生，海底为硬沙质泥的近岸浅水区，亲体生殖活动多在中层进行。太平洋鲱属典型一次性排卵类型。在个体纯体重 71～240 克、叉长 207～300 毫米、年龄 2～6 龄内，太平洋鲱个体绝对繁殖力为 1.93 万～7.81 万粒；个体相对繁殖力分别为 93～269 粒/（叉长·毫米）、210～370 粒/（纯体重·克）。个体绝对繁殖力与纯体重呈直线增长关系，与叉长呈幂函数增长关系。而其与年龄的关系有所不同，表现为，随着年龄增加个体繁殖力增长呈阶段性。卵沉性，无油球，卵径 1.42～1.65 毫米，黏着在海草、藻类、礁石、海底或近地层其他附着物上。在水温 5.5～9.8℃ 条件下，受精卵经 11.6～13.6 天孵化；水温 7.5～13.2℃ 条件下，需 9.6～12.5 天孵化。充足的氧气和流水是太平洋鲱卵子孵化的重要条件。初孵仔鱼身体细长，体长 5.24～7.49 毫米，以卵黄为营养；孵化后 2～3 天，游泳能力显著增强，多半栖息于水底，有时也游向水面或中层；6 天后，全长已达 8 毫米以上，卵黄吸收殆尽，由被动摄食转为主动摄食，进入后期仔鱼。孵化后稚幼鱼一直在亲体产卵场附近浅水区栖息、觅食、成长，以浮游动物为主要饵料（如中华哲水蚤）。5 月，岸边可发现 20～30 毫米的稚鱼。6 月中下旬鱼体长到 50～60 毫米，开始集群。集群后的幼鱼，很快游向深水。

◆ **资源管理**

太平洋鲱资源的管理以合理利用源为主要目标，包括控制捕捞死亡、获得最大产量又不影响后代数量。为达这一目标，首先需要确定两个可控变量，一是最佳捕捞年龄，另一个是最佳捕捞死亡率。研究结果表明，太平洋鲱从 4 龄开始捕捞才能获得最大产量，但要把这个结论付诸实施确有困难。因太平洋鲱第一次大量性成熟的年龄是 2 龄，且各龄成鱼混栖。如果通过扩大网目，增强网目选择性，只捕 4 龄和 4 龄以上的个体，在当前捕捞作业条件下很难做到。考虑到该渔业实际状况以及性成熟个体与幼鱼几乎终年分栖，可把最小可捕年龄定为 2 龄。根据捕捞年龄为 2 龄绘制单位补充量曲线，最大单位补充量产量相应位置上的捕捞死亡，即为给定条件下的最佳捕捞死亡，为 0.9 ～ 1.0。

中国自 1977 年对太平洋鲱渔业采取了两项管理措施：①禁止直接捕捞 1 龄鱼，允许捕捞年龄为 2 龄，最小允许捕捞叉长为 22 厘米。②开捕期限于每年 2 ～ 4 月。由于太平洋鲱资源数量波动剧烈，采取上述管理措施尚不能改变渔获量剧烈变动的基本态势。

渔业资源种类

淡水渔业资源种类

圆口铜鱼

圆口铜鱼是脊索动物门脊椎动物亚门硬骨鱼总纲辐鳍鱼纲鲤形目鲤科铜鱼属一种。又称水密子、金鳅、圆口、麻花、肥沱。

◆ 分布

圆口铜鱼是长江上游特有鱼类。圆口铜鱼广泛分布于长江上游干支流中,包括金沙江中下游、嘉陵江中下游、沱江、岷江及乌江等水域。

◆ 形态特征

圆口铜鱼体长,头后背部显著隆起。吻宽圆。口下位,口裂大,呈弧形。唇厚,较粗糙。须1对,极粗长,向后伸至胸鳍基部。眼径小于鼻孔。侧线平直、完全。胸鳍18～20,后伸远超过腹鳍起点;背鳍7,稍短,无硬刺,外缘深凹形;臀鳍6;尾鳍宽,分义深,上叶比下叶长。体被圆鳞,鳞片后部长且稍小,各鳍基部及腹鳍基部腹面都覆盖小鳞片。侧线鳞55～58。圆口铜鱼体古铜色,带金黄色光泽,腹部淡黄色;背鳍灰黑色略带黄色;胸鳍肉红色带黄色,基部淡黄色;腹鳍和臀鳍为淡黄色带肉红色；尾鳍金黄色，边缘为黑色。

◆ **生活习性**

圆口铜鱼栖息于水流湍急的江河，常在多岩礁的深潭中活动。圆口铜鱼体长 22 ～ 530 毫米。体重 0.1 ～ 2100 克。年龄 1 ～ 7 龄。圆口铜鱼为匀速生长型鱼类。不同江段圆口铜鱼的生长参数略有不同。长江中上游干流圆口铜鱼渐近体长 680 毫米，渐近体重 3410 克，生长参数 0.218，理论生长起点年龄为 -0.171 龄。食谱较广，食物种类包括软体动物、甲壳动物、鱼类、水生昆虫、寡毛类、鱼卵和植物碎片等，是以肉食性为主的杂食性鱼类。圆口铜鱼在不同的季节显示出不同的昼夜摄食节律，在春季表现为白昼型，在夏季和秋季则表现为晨昏型。圆口铜鱼初次性成熟年龄为 3 龄，繁殖群体性比为 1 : 1。圆口铜鱼卵漂流性，产卵一般发生在连续涨水的 1 ～ 2 天后。圆口铜鱼绝对繁殖力平均为 46386 粒，相对繁殖力平均为 36.6 粒 / 克。繁殖季节为 4 ～ 7 月，以 5 ～ 6 月为盛产期，为分批产卵鱼类。圆口铜鱼的产卵场主要分布在四川省屏山县以上至云南省鹤庆县朵美地区之间的金沙江江段。据 2010 年在金沙江中游攀枝花江段调查显示，金沙江中游的圆口铜鱼鱼卵主要来自 5 个产卵场：金安桥产卵场（挖金坪—金安桥）、朵美产卵场（朵美—涛源）、皮拉海产卵场（皮拉海—七棵树）、灰拉古产卵场（湾碧—灰拉古）、观音岩产卵场（观音岩—江边）。圆口铜鱼具有比较明显的生殖洄游现象。在屏山以下的长江江段个体性腺只能发育至 II 期，成鱼要洄游到金沙江后性腺才发育到成熟。

◆ **资源利用**

圆口铜鱼是长江中上游主要经济鱼类，尤其是在长江上游江段，圆口铜鱼通常占渔获物比例的 30% 以上，居首位。圆口铜鱼在长江中上游各江段均处于不同程度的过度开发状况，长江中上游干流圆口铜鱼的开发率为 0.85，三峡库区开发率达 0.89，长江上游合江江段在不同年度的开发率也均高于 0.7。2010 年，三峡水库 175 米蓄水以后，圆口铜鱼在三峡库区的渔获物组成比例的下降趋势尤其明显，如在万州江段圆口铜鱼占渔获物的比例已不足 1%，而圆口铜鱼在宜昌及以下江段已少见。攀枝花、宜宾、合江等上游江段所占渔获物比例变化虽然不大，但渔获物主要集中在 1～4 龄未性成熟的低龄个体，超过 80% 的渔获物体长在 220 毫米以下，500 克以上群体仅占个体总量的 3.36%，资源利用方式极度不合理。随着金沙江梯级电站的建设，由于通道阻隔，使得坝下的待繁殖的群体难以上溯到原来的产卵场中进行繁殖，导致金沙江中游圆口铜鱼产卵规模持续下降。2006～2010 年，金沙江中游圆口铜鱼早期资源量呈明显下降的趋势，2010 年的卵苗总量相比 2006 年下降了94.1%。圆口铜鱼资源衰退所面临的威胁已非常严峻。

◆ **资源养护**

圆口铜鱼属于分布范围较广泛的种类，但由于总体资源衰退明显，渔获物低龄化现象严重，已被列入长江上游珍稀特有鱼类保护区指标性物种。对圆口铜鱼的保护与管理，主要措施包括长江的禁渔制度和对有害渔具的控制。由于圆口人工驯养成活率低、人工养殖环境下性腺难以发育成熟，其人工繁殖一直是该物种保护的关键性技术难题。2014 年，中国三峡集团中华鲟研究所首次成功催产驯养的圆口铜鱼，初次实现圆口铜鱼的人工繁殖。

青海湖裸鲤

青海湖裸鲤是脊索动物门脊椎动物亚门硬骨鱼纲辐鳍亚纲鲤形目鲤科裂腹鱼亚科裸鲤属一种。青海湖裸鲤为冷水性鱼类，是中国特有鱼类，是青海湖中唯一的经济鱼类。青海湖裸鲤主要分布在青海湖及其支流中。

◆ 形态特征

青海湖裸鲤体长形，稍侧扁。头锥形。口近端位或亚下位，呈马蹄形。上颌略微凸出，下颌前缘无锐利角质。唇狭窄，唇后沟中断。无须。身体裸露无鳞，除臀鳞外，在肩带部分有 2 或 3 行不规则的鳞片。侧线平直，侧线鳞前端退化成皮褶状，后段更不明显。背鳍具发达而后缘带有锯齿的硬刺。青海湖裸鲤体背部黄褐色或灰褐色，腹部浅黄色或灰白色，体侧有大型不规则的块状暗斑；各鳍均带浅红色，但无斑点。背鳍 7（6 ～ 9）；臀鳍 5。第一鳃弓鳃耙数外侧 13 ～ 45，内侧 24 ～ 48。鳔两室，后室为前室长的 1.69 ～ 3.34 倍。下咽齿两行。

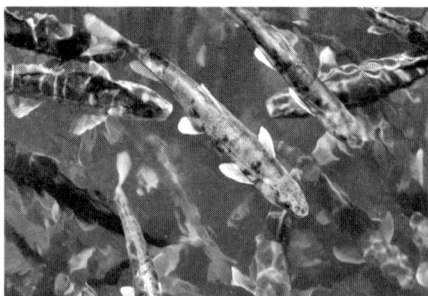

青海湖裸鲤

◆ 生活习性

青海湖裸鲤个体较大，生长缓慢，产卵量小。青海湖裸鲤生长非常缓慢，体重 500 克的个体需要生长 11 ～ 12 年。青海湖裸鲤雌、雄个体差异显著。青海湖裸鲤为广谱杂食性鱼类，在其生长发育过程中存在食性转变，幼鱼阶段对饵料有较为明显的选择性，主要摄食浮游动物，成鱼几乎摄食水体中所有的生物性食物，这与青海湖贫乏的饵料生物资源环境相适应。青海湖裸鲤在进行洄游产卵时摄食量大为下降，甚至有较短时间会停止摄食。青海湖裸鲤具溯河洄游繁殖习性。在青海湖咸淡水环境中生长，繁殖季节洄游到布哈河、沙柳河和黑马河等淡水支流中，以沙砾底质为主、水流缓慢、pH7.2 ～ 8.2、水温 6.2 ～ 17℃ 的水域产卵。繁殖期 4 ～ 7 月，从 5 月中下旬陆续开始溯河，产卵盛期在 6 月中旬左右。各河流中繁殖群体性比（雄：雌）分别为：沙柳河 0.69：1，布哈河 2.50：1，黑马河 1.63：1。青海湖裸鲤性腺每年成熟 1 次，以 IV 期卵巢越冬，卵母细胞同步发育成熟，分批产卵。IV 期末卵巢卵粒直径平均为 2.33 毫米。个体性成熟期较晚，一般 3 ～ 4 龄达性成熟，繁殖力低。21 世纪初调查显示，青海湖裸鲤绝对繁殖力平均为 4338 粒，相对繁殖力平均为 27.09 粒 / 克，较 20 世纪 60 年代均有明显下降。

◆ **资源利用**

青海湖裸鲤原始蕴藏量达 32 万吨。20 世纪 50 年代开始利用，在初期经历了 3 个阶段：1957 ～ 1959 年产量低，资源未充分开发利用；1960 ～ 1962 年产量最高，是开发初期进行高强度捕捞的结果，虽然获得高产，但已经捕捞过度；1963 年以后产量急剧下降，资源逐年衰退。此后，对捕捞网具、捕捞强度和捕捞区域进行了限制，1963 ～ 1979 年鱼产量稳定在 4560 吨 / 年。从 20 世纪 80 年代开始，过度捕捞和偷捕滥捞现象趋于严重，尤其是在产卵期间，特别是在黑马河、布哈河、泉吉河、沙柳河、哈尔盖河，导致青海湖裸鲤资源量锐减，再加上产卵场缩小和破坏、生境因素改变等原因，90 年代末资源量下降到 0.34 万吨，资源处于严重衰退之中，已不具备开发能力。青海湖裸鲤种群的衰退不仅表现在资源数量上，而且表现在生物学方面，其群体向小型化、低龄化发展。1962 年，渔获个体平均体长 360 毫米，平均体重 625 克；1975年，平均体长 260 毫米，平均体重 302 克；1985 年，平均体长 218 毫米，平均体重 119 克。20 世纪 60 年代见到的最大个体达 10 ～ 20 千克，而在 2002 年的调查中，在青海湖裸鲤增殖放流站见到的最大一尾体重仅为 2.2 千克，相差近 10 倍。

◆ **资源养护**

青海湖裸鲤是高原地区的特有鱼类，因青海湖水温偏低、饵料贫乏，生长非常缓慢，资源更替能力低。青海湖裸鲤作为青海湖中唯一的经济鱼类，既是青海湖渔业资源产量主要物种来源，也是维持青海湖生态系统"鱼鸟共生"生态平衡的重要物种，还是青海湖地区渔业管理的主要目标鱼种。

在经历 20 世纪 60 年代初的高强度无序捕捞导致青海湖裸鲤资源急剧衰退后，1963 年对捕捞网具进行了限制，停止了部分网具的捕捞作业，冬季全部禁捕，并加强了产卵场的保护和管理，但资源量仍一直维持较低水平并持续下降。从 80 年代开始，青海省政府为有效保护青海湖渔业资源，已采取禁渔制度、人工增殖放流、修建过鱼设施、建立青海湖裸鲤救护中心和青海湖国家级保护区等一系列措施缓解青海湖裸鲤资源衰减的趋势。

1982 年 11 月～ 1984 年 11 月、1986 年 11 月～ 1989 年 10 月、1994 年 12 月～ 2000 年 12 月和 2001 年 1 月～ 2010 年 12 月，青海省政府 4 次对青海湖实施封湖育鱼，尤其是在前 3 次进行限额捕捞并没有使青海湖裸鲤资源衰退趋势得到有效遏制的情况下，第 4 次的 10 年封湖育鱼明确实行零捕捞，规定封湖期间，禁止任何单位、集体和个人到青海湖及主要支流捕捞、收购、销售、加工青海湖裸鲤。

20 世纪 90 年代，青海省水产研究所开展人工繁殖获得鱼苗，并编制了《青海湖裸鲤原种生产操作规程》，使青海湖裸鲤人工繁殖的受精率、孵化率、出苗率平均能达 80% 以上。1997 年，在海北州刚察县沙柳河畔建立了青海湖裸鲤人工放流站，对其资源进行增殖，每年向青海湖投放人工繁育鱼苗 300 多万尾，并在 2002 ～ 2009 年累计向青海湖增殖放流青海湖裸鲤原种种苗 4800 万尾。2003 年，青海湖裸鲤人工放流站与青海省鱼类原种良种场合并组建成立青海湖裸鲤救护中心，承担青海湖裸鲤的原种保存、种质检测、资源救护、增殖放流、生态环境及渔业资源普查监测任务，为青海湖渔业资源增殖保护和恢复发挥积极作用。另外，针对沙柳河、泉吉河等河流上的拦河坝建设阻断青海湖裸鲤产卵亲鱼的洄游通道，2006 年在青海湖的泉吉河、沙柳河、哈尔盖河等产卵河道各修建了 4 座鱼道，贯通了青海湖裸鲤洄游通道，改善了产卵场、索饵场的空间。2007 年，农业部批准建立了青海湖裸鲤国家级水产种质资源保护区，这使青海湖湖区及其支流生态环境得到有效保护，为青海湖裸鲤的生存和繁殖提供了良好的生境，有利于促进青海湖裸鲤资源的恢复与保护。2002 年以来，青海湖裸鲤资源量开始逐步回升；2004 年，资源量超过 5000 吨，比 1999 年增长了 67%；到 2009 年，资源量已达 2.73 万吨；至 2020 年，青海湖裸鲤资源蕴藏量已达 10.04 万吨。

海水渔业资源种类

颌圆鲹

颌圆鲹是脊索动物门脊椎动物亚门硬骨鱼纲辐鳍亚纲鲈形目鲹科鲹亚科圆鲹属。常见经济鱼类之一。又称细鳞圆鲹、拉洋圆鲹、红赤尾、滚子。

颌圆鲹最大体长 46 厘米，一般体长 30 厘米左右。颌圆鲹体细长，近圆筒形，体长约为体高的 5 倍。颌圆鲹头短，呈锥形，头长大于体高。眼中大，高位，脂性眼睑发达，仅于瞳孔中部露出长缝。上下颌、犁骨及腭骨均无齿，仅舌面中央近后端基部有一细长齿带。上颌骨后端呈圆凸，鳃盖后缘斜，肩带下角有一凹陷。第二背鳍与臀鳍同形，前方鳍条呈新月形，后方具一离鳍；胸鳍短，末端仅延伸至第一背鳍下方。颌圆鲹体背蓝绿色；腹部银白；背鳍前方鳍条稍暗，尾鳍淡红色或黄绿色，其余鳍淡色至白色。背鳍 VIII，I-31～36+1；臀鳍 II，I-27～30+1；胸鳍 21；腹鳍 I-5；尾鳍 17，前区微弧形侧线鳞数 58～75 和后区侧线直走部侧线鳞 14～29，后端棱

颌圆鲹

鳞数 24 ～ 40。鳃耙数 10 ～ 13+34 ～ 38。

颌圆鲹经常聚集成群巡游于开放水域，偶尔会出现在外礁和岛屿周围。颌圆鲹有时游动于表层，但大部分时间栖息于水深 40 ～ 200 米水域。以浮游性无脊椎动物为食。在日本海域产卵期为每年的 4 ～ 7 月，初次性成熟体长与年龄，分别为 25.8 厘米、2 龄。颌圆鲹在非洲大西洋佛得角岛的繁殖期为 8 ～ 9 月，初次性成熟体长为 22 厘米。颌圆鲹产浮游性卵。

长鳍金枪鱼

长鳍金枪鱼是硬骨鱼纲辐鳍亚纲鲈形目鲭科金枪鱼属的一种，属大洋中上层洄游性鱼类。

长鳍金枪鱼在世界热带和温带大洋（包括地中海）北纬 50° ～南纬 30° 海域除北纬 10° ～南纬 10° 表层海域外均有分布。

◆ 形态特征

长鳍金枪鱼体纺锤形，强大，粗壮。体最高点位于第二背鳍稍前部，比其他种类金枪鱼更靠后。第一鳃弓鳃耙 25 ～ 31。第二背鳍明显低于第一背鳍。胸鳍很长，几达第二背小鳍下方，胸鳍长越占叉长的 30%。幼鱼胸鳍短，不达第二背鳍起点。第一背鳍深黄色，第二背鳍和臀鳍淡黄色，臀小鳍黑色，尾鳍后缘白色。肝脏中叶等于或长于肝左叶或右叶，肝脏腹部表面有辐射纹。有鳔（小于 50 厘米的个体不明显）。椎骨 18+21。

◆ 生活习性

长鳍金枪鱼为快速游泳的温带大洋性中上层鱼类。主要活跃于温层下方水域，栖息深度可达 600 米。常出现水域温度在 17 ～ 21℃（最低 9.5℃），常因水体温度改变而有垂直分布现象。长鳍金枪鱼具高度洄游性，喜集群。捕食鱼类、头足类和甲壳类，其中鱼类以洄游性小型鱼类，如鲭等为主。长鳍金枪鱼有 6 个种群，即北太平洋、南太平洋、北大西洋、南大西洋、地中海和印度洋长鳍金枪鱼群体。

◆ 生长与繁殖

长鳍金枪鱼体形较小，个体大小在鲣和黄鳍金枪鱼之间。最高年龄可达 15 年。2 ～ 5 龄性成熟，相应体长为 75 ～ 90 厘米，体重 8 ～ 15 千克。性成熟的长鳍金枪鱼春夏季在热带和亚热带（赤道南北 10° ～ 25° 10′）水域产卵。未成熟的长鳍金枪鱼（2 ～ 5 龄以下）比一般的成年长鳍金枪鱼更具洄游性。太平洋海域长鳍金枪鱼的洄游、分布受海况影响较大，尤其是受海洋锋面的影响较大。长鳍金枪鱼幼鱼常在温带水域（表温 15 ～ 18℃）集群，在大西洋和印度洋水域亚热带辐合区北部边缘呈连续分布，洄游可跨越养护大西洋金枪鱼国际委员会（ICCAT）和印度洋金枪鱼委员会（IOTC）管辖区的边界。

◆ 资源利用状况

长鳍金枪鱼的渔获方式包括延绳钓和曳绳钓两种，其渔获主要来自延绳钓，约占总渔获的 95%。北大西洋和南大西洋长鳍金枪鱼渔获量分别在 2.5 万吨和 1.5 万吨左右；北太平洋和南太平洋长鳍金枪鱼渔获量分别在 6.5 万吨和 7 万吨左右；印度洋长鳍金枪鱼渔获量 3.5 万吨左右。长鳍金枪鱼资源基本处于充分开发状态。

◆ 资源养护及管理

太平洋、印度洋、大西洋的 4 个金枪鱼区域渔业组织对三大洋长鳍金枪鱼资源进行养护和管理，分别是中西太平洋渔业委员会（WCPFC）、美洲间热带金枪鱼委员会（IATTC）、印度洋金枪鱼委员会（IOTC）及养护大西洋金枪鱼国际委员会（ICCAT）。通过的养护管理措施主要包括：①控制捕捞努力量。②实施数据统计制度。③建立非法、不报告和不受管制渔业捕捞（IUU）渔业活动的渔船黑名单。④实施区域观察员计划。⑤渔船登记。⑥渔船船位报告和监控制度等。

◆ 价值

长鳍金枪鱼主要用于制作金枪鱼罐头，其市场主要在欧美等地。

黄鳍金枪鱼

黄鳍金枪鱼是硬骨鱼纲辐鳍亚纲鲈形目鲭科金枪鱼属一种。又称黄鳍鲔。黄鳍金枪鱼属快速游泳的热带大洋性中上层鱼类。

黄鳍金枪鱼分布于大西洋、印度洋和太平洋的热带和亚热带海域。

◆ 形态特征

黄鳍金枪鱼体纺锤形，强大，粗壮。体最高处位于第一背鳍基中部。第一鳃弓鳃耙 26 ～ 34。大个体第二背鳍和臀鳍很长，作弧形弯曲，超过叉长的 20%。胸鳍较长，伸达或超过第二背鳍起点，但不超过其基部末端，占叉长的 22% ～ 31%。背部蓝色，腹部银白色，腹部常具 20 条断开的垂直线；背鳍、臀鳍及小鳍同为橘黄色。肝右叶甚长于左叶或中叶，肝的腹部表面光滑，无辐射纹。鳔发达。椎骨 18+21。

◆ **生活习性**

黄鳍金枪鱼属于大洋性中上层鱼类，一般生活在热带或温带水域中。具高度洄游特性，喜集群。主要栖息活动范围通常在 1 ～ 100 米水深处，最深可达 250 米，其深度也取决于季节和海平面的不同区域。黄鳍金枪鱼主要依照个体大小集群，形成单一鱼种或多种群。幼鱼与鲣鱼和大眼金枪鱼幼鱼形成混养群，主要分布于热带表层水域，而较大的黄鳍金枪鱼出现在表层和次表层水域。捕食鱼类、头足类、甲壳类。

◆ **生长与繁殖**

黄鳍金枪鱼幼鱼期生长发育迅速，成熟期生长显著减慢。最大年龄 7 ～ 10 龄，性成熟年龄为 3 龄。最大叉长 239 厘米，重 200 千克。渔获物通常叉长 150 厘米。黄鳍金枪鱼主要产卵场为表层水温 24℃ 以上的海域，可全年产卵，但具有明显的季节性繁殖特征，产卵旺季是 2 月和 9 月。黄鳍金枪鱼全年的产卵频率可达 1.5 次 / 天。黄鳍金枪鱼个体的绝对繁殖力为 150 万～ 350 万粒，个体相对繁殖力约为 60 粒 / 克。

◆ **资源利用**

1950 年开始，全球黄鳍金枪鱼渔获量一直增加，黄鳍金枪鱼年渔获量在 1.2 万～ 149 万吨，2004 年渔获量超过 140 万吨，创历史纪录。此后，年产量呈下降趋势。2020 年总渔获量为 139 万吨，主要捕捞国有日本、韩国和中国。黄鳍金枪鱼小个体通常在海表为手钓、有环围网、围网和竿钓等渔具捕获，而绝大多数较大个体主要由围网和延绳钓捕获。黄鳍金枪鱼主要捕捞自太平洋，其次是印度洋和大西洋。2020 年，中西太平洋黄鳍金枪鱼渔获量为 73.5 万吨，东太平洋黄鳍金枪鱼渔获量为 22.9 万吨，印度洋黄鳍金枪鱼渔获量为 43.3 万吨，大西洋黄鳍金枪鱼渔获量为 11.1 万吨。三大洋的黄鳍金枪鱼资源已处于完全开发或过度开发状态。

◆ **资源养护及管理**

中西太平洋渔业委员会（WCPFC）、美洲间热带金枪鱼委员会（IATTC）、印度洋金枪鱼委员会（IOTC）及养护大西洋金枪鱼国际委员会（ICCAT）4 个金枪鱼区域渔业组织对三大洋黄鳍金枪鱼资源进行养护和管理。通过了一系列的养护管理措施，主要包括：①捕捞配额制度。②限制围网渔业人工集鱼装置（FAD）。③数据统计制度。④建立非法、不报告、不受管制捕捞（IUU）活动的渔船黑名单。⑤区域观察员计划。⑥渔船登记。⑦渔船船位报告和监控制度等。

◆ **价值**

围网捕获的幼鱼黄鳍金枪鱼，主要被加工成罐头产品；延绳钓捕获的成鱼黄鳍金枪鱼主要被加工成生鱼片产品。

蓝点马鲛

蓝点马鲛是脊索动物门脊椎动物亚门硬骨鱼纲辐鳍亚纲鲈形目鲭科马鲛属一种。俗称鲅鱼（辽宁、河北、天津、山东）、马加、马鲛（福建、浙江、江苏）、燕鱼（江苏以南）。

◆ **分布**

蓝点马鲛广泛分布于印度洋及太平洋西部水域，在渤海、黄海、东海、南海及日本海均有分布。中国近海蓝点马鲛分为黄渤海、东海和南海 3 个种群,其中黄渤海种群的黄海南部、中部、北部及渤海诸海域间蓝点马鲛的关系密切,均属同一种群,而黄海南部蓝点马鲛可视作同一种群的不同群体,称为黄海南部群体。

◆ **形态特征**

蓝点马鲛体延长,侧扁,尾柄细,两侧在尾鳍基各具 3 条隆起嵴,中央嵴长而高。蓝点马鲛头中大,头长大于体高;吻长,尖突;眼较小,上侧位;鼻孔每侧 2 个,分离;口大,前位,斜裂。上下颌约等长,上下颌牙强大,侧扁,尖锐。眶前骨窄,上颌骨部分为眶前骨遮盖,后端钝圆。蓝点马鲛鳃耙较长,排列稀疏。背鳍 2 个,稍分离;臀鳍起点在第二背鳍第四鳍条下方;胸鳍较短,宽镰状;腹鳍小,位于胸鳍基底下方;尾鳍深叉形。蓝点马鲛体被细圆鳞,侧线鳞较大,明显,腹侧大部分裸露无鳞;头部除后头部和鳃盖后上角具鳞外,其余部分裸露。蓝点马鲛体背侧蓝黑色,腹部银灰色;沿体侧中央具数列黑色圆形斑点。

蓝点马鲛

◆ **生活习性**

蓝点马鲛属暖温性中上层鱼类,大部分时间栖息于海域的中上层,对水温有较强的敏感性。蓝点马鲛游泳敏捷,性凶猛,常成群追捕日本鳀等小型鱼、虾类。由于蓝点马鲛在各个生活阶段对水温的要求不同,所以其洄游路线和分布状况,常随生活环境的水文状况的变化而变动,渔期的早晚、洄游路线和渔场位置的偏移、鱼群的集散程度和停留时间的长短等均与水文环境变化密切相关，并在一定程度上受其制约。每年春汛，长江口渔场及大沙渔场的渔期早晚与4月上、中旬表层平均水温的高低有密切关系，同时，渔场范围内低温区的存在，对鱼群的洄游迁移行动有一定的制约作用。

蓝点马鲛产卵和越冬时行长距离洄游。黄渤海蓝点马鲛越冬场主要有3处：①黄海东南部外海至五岛外海一带。水深80～100米，水温14～20℃，盐度34～34.5。②东海中南部外海至钓鱼岛以北海域。水深80～150米，水温15～23℃，盐度34～35。③东海南部至南海北部。越冬期1～2月。

每年2月底至3月初，蓝点马鲛主群陆续游离越冬场，作产卵洄游。3月中下旬一支鱼群到达闽中及闽东沿海，于4月产卵；4月上中旬大群随台湾暖流沿东经123°30′附近洄游，分别抵达舟山渔场、长江口渔场和大沙渔场一带，此时水温9～11℃。随后鱼群分为两支继续北上，一支向东偏北游向朝鲜西海岸，部分鱼群继续北上于4月下旬到达黄海北部海洋岛渔场产卵并索饵，产卵期5月中旬至7月上旬，水温10～14℃；另一支向西北进入连青石渔场西南部，其中一部分鱼群随黄海暖流前锋西进，于4月下旬进入海州湾和青岛至石岛近海，产卵期5月上旬至6月下旬，水温13～20℃。主群向东北经石岛渔场东部水深20～40米海域北上，并分出一支向北游达海洋岛渔场，与朝鲜西海岸北上的鱼群混栖产卵。主群沿40～50米深水区域绕过成山头经烟威渔场，于4月下旬沿渤海海峡南侧（北侧水温高的年份则沿北侧洄游）进入渤海的莱州湾、渤海湾、辽东湾和滦河口等各个产卵场，产卵期5月下旬至7月上旬。

蓝点马鲛产卵之后，亲鱼和幼鱼均在产卵场附近海域分散索饵，分布面广。其中幼鱼分布于 20 米以内较浅水域索饵。8 月下旬，随着近岸水温下降，鱼群陆续向较深水域行适温洄游，并继续强烈摄食，生长育肥。其中渤海蓝点马鲛幼鱼开始外泛，主群于 9 月上旬至 10 月上旬前后抵达烟威渔场西部水深 20～30 米水域。此时海洋岛渔场蓝点马鲛幼鱼也南移至 20 米等深线以外较深水域。10 月中下旬，渤海水温降至 8～12℃，黄海北部水温也降至 12～13℃，当年幼鱼主群开始南移，于 11 月上旬前后来自渤海和黄海北部的当年幼鱼汇集于烟威渔场东部至石岛渔场北部水深 30～40 米一带水域。11 中下旬，渤海和黄海水温继续下降，鱼群基本游离渤海和黄海北部，南移到达黄海中南部连青石至大沙渔场一带水深 20～40 米处的宽广海域，但水温下降较慢的年份，游离渤海的时间也较晚，1998 年 12 月初渤海仍有蓝点马鲛当年幼鱼鱼群。若此时水温下降较慢，鱼群在黄海中南部海域停留的时间较长，有的年份可延至 12 中下旬。12 中下旬至 1 月主群与成鱼群体一起经大沙、长江口渔场陆续到达各个越冬场。

蓝点马鲛性凶猛，常成群追捕小型鱼群，主要摄食鳀鱼，其次为青鳞小沙丁鱼、天竺鲷、鹰爪虾、日本枪乌贼等。孵化 20 多天的稚鱼就已相当凶猛，能吞食与其大小相似的稚鱼。蓝点马鲛生长迅速，捕捞群体以 1～4 龄鱼组成。1 龄鱼叉长为 305～489 毫米，平均叉长 419 毫米，平均体重 520 克；2 龄鱼叉长为 457～573 毫米，平均叉长 537 毫米，平均体重 1197 克；3 龄鱼叉长 545～674 毫米，平均叉长 600 毫米，平均体重 1601 克；4 龄鱼叉长 585～694 毫米，平均叉长 690 毫米，平均体重 1915 克。最大个体叉长可达 1600 毫米，体重 24 千克。蓝点马鲛为多年生，近海渔获物年龄 1～7 龄。20 世纪 80 年代以前以 2～3 龄为主，后由于捕捞过度，群体中高龄鱼比例逐渐减少，低龄鱼比例逐渐增加，逐步转向以 1 龄鱼为主。1 龄以上成鱼的自然死亡系数为 0.4112，当年幼鱼的自然死亡系数为 0.4602，总死亡系数为 3.0113～4.7590，捕捞死亡系数为 2.6001～4.2119。

性腺 1 年内成熟 1 次，生殖周期为 1 年，分批产卵，卵浮性，平均卵径 0.897 毫米；成熟系数平均为 148.3‰。个体生殖力为 48 万～110 万粒。雌雄性比基本为 1：1。雄性成熟早于雌性，1 龄即性成熟，性成熟最小个体叉长 360～435 毫米，体重在 355～657 克，且呈逐年缩小之势。雌性成熟相对较晚，且不同年代有明显的差异，存在着以 20 世纪 70 年代后期为界的前后两个阶段，前阶段 2 龄开始性成熟，性成熟最小叉长在 478～534 毫米，体重在 700～1205 克；后阶段性成熟最小叉长和体重分别为 395～443 毫米和 495～725 克。3 龄全部性成熟。70 年代后期以后 1 龄鱼开始性成熟，参加产卵活动，且比例逐渐增加，性成熟比例由 70 年代后期至 80 年代前期的 3.8%～18.1% 逐渐上升到 90 年代前期的 72.8%～90.9%。黄渤海的产卵场主要有渤海的莱州湾、渤海湾、辽东湾、滦河口、黄海北部的海洋岛、烟威近海、黄海中部的石岛至青岛近海和黄海中南部的海州湾等。产卵期 5～7 月，由南至北相应推迟，其中渤海产卵期为 5 月下旬至 7 月上旬，以 5 月下旬至 6 月中旬为产卵盛期；黄海北部的产卵期为 5 月中旬至 7 月上旬，以 5 月下旬至 6 月中旬为产卵盛期；在黄海中部的产卵期为 5 月上旬至 6 下旬，以 5 月中旬至 6 月上旬为产卵盛期；黄海南部的产卵期为 5 月中旬至 6 月中旬，产卵盛期在 5 月中旬至 6 月上旬。

◆ 资源利用

中国蓝点马鲛的产量约为 43 万吨，其中黄渤海区的辽宁、河北、山东、天津三省一市总产量近 30 万吨。黄渤海蓝点马鲛渔业，在 1961 年之前，使用棉线流刺网捕捞产卵群体资源，年产量不足 1 万吨；1962 ～ 1973 年，由于渔船机动化和渔网具材料改进为聚乙烯网线等，虽然仍以捕捞产卵群体为主，年产量上升到 2 万吨以上；1974 年以后，大批底拖网渔船加入秋季幼鱼捕捞，且捕捞数量逐年增加，虽春季产量仍保持在 2 万吨左右，但年产量则迅速增加到 5 万～ 8 万吨；1989 年开始使用疏目拖网捕捞蓝点马鲛的补充群体和产卵群体资源，春汛产量仍保持在 2 万吨左右，但年产量则上升到 10 万吨以上，此时蓝点马鲛资源处于过度利用状态，群体组成小型化、性成熟提前、单位渔获量下降等生长型过度捕捞现象比较明显。1995 年以后开始实行伏季休渔制度，补充群体资源得到充分的生长，同时采取了产卵群体保护等渔业资源养护措施，年产量上升到近 30 万吨。

◆ 资源养护

蓝点马鲛是中国海洋捕捞对象中重要的经济鱼类，是中国北方渔业资源研究和管理的重点鱼种。蓝点马鲛渔业的主要捕捞对象是当年发生的幼鱼，这严重损坏了蓝点马鲛的资源基础，因此，为切实加强对蓝点马鲛幼鱼资源的保护，黄渤海区渔政渔港监督管理局以农黄管字〔1986〕63 号发出了《关于加强对蓝点马鲛资源幼鱼保护的通知》，组织力量对重点港口和生产单位进行检查，派渔政船重点对烟威渔场和海洋岛渔场加强检查，并采取了拖网作业主动避开蓝点马鲛幼鱼密集区，兼捕幼鱼不超过航次同品种渔获量的 25% 等项措施。为加强鲅鱼资源的保护与管理，农业部（今农业农村部）以农渔发〔1996〕17 号发出《关于加强对黄渤海蓝点马鲛资源保护的通知》，规定了蓝点马鲛的可捕标准以及流刺网网目标准，分别在黄海北部和渤海水域设立春汛蓝点马鲛保护区和休渔期，禁止各类拖网、流刺网、围网等捕捞蓝点马鲛的繁殖亲体等措施。1995 年开始，中国相继在沿海实施休渔制度，取得很大的成效。通过伏季休渔，有效地保护幼鱼资源，从而加强了补充强度，使经济鱼类资源得到恢复。黄渤海区的蓝点马鲛、带鱼、小黄鱼、银鲳等资源都有不同程度的回升，渔获量有所增加。在保护渔业资源的同时，也使渔获质量有所提高，进而增加渔业生产的经济效益。

资源补充也是蓝点马鲛资源养护的一项重要措施，补充群体以当年幼鱼为主。由于黄渤海蓝点马鲛渔业以秋汛捕捞为主，且伏季休渔时间至 9 月 1 日结束，蓝点马鲛的补充年龄为 0.3 龄，每年的补充量因世代发生量的自然波动而不同，且随着开发利用程度的增加，补充量有逐步上升的趋势，最高补充量曾达 3.83 亿尾，一般世代的补充量在 1.35 亿～2.96 亿尾。

◆ 价值

蓝点马鲛每百克肉含蛋白质超过 19 克、脂肪 2.5 克，肉坚实味鲜美，营养丰富，其肝是提炼鱼肝油的原料。作为一种常见的食用经济鱼类，因其肉质鲜美紧密，色白细腻而多成餐桌佳肴，深受人们喜爱。山东半岛及大连沿海的鲅鱼水饺、鲅鱼丸子、鲅鱼烩饼子、五香鱼段、熏鱼块等小吃均出自此鱼。除鲜食外，也可加工制作罐头和咸干品。

蓝点马鲛鱼段

竹筴鱼

竹筴鱼属脊索动物门脊椎动物亚门硬骨鱼总纲辐鳍鱼纲鲈形目鲹科竹筴鱼属。又称黄鲦（江苏、上海、浙江）、大目鳀、大目鲭、大目姑、润身巴浪（福建）、大眼池（佛山、湛江）。中国近海主要的中上层鱼类之一。

◆ 分布

竹筴鱼在中国黄海、东海、南海，以及日本、朝鲜等海域均有分布。中国近海的竹筴鱼可分为南海北部种群、东海种群和黄海种群，其中，东海的竹筴鱼分为九州北部群、东海中部群和东海南部群等 3 个群系。

◆ 形态特征

竹筴鱼体纺锤形，侧扁；体长为体高 3.6～4.3 倍，为头长 3.8～4.2 倍。头中等大。头长为吻长 3.1～3.8 倍，为眼径 3.4～4.0 倍。吻锥形。脂眼睑发达，前部达眼前缘，后部达瞳孔后缘稍前。口大，口裂倾斜。

前颌骨能伸缩。上颌后端呈截形，达瞳孔前缘的下方。上下颌有一列细牙，犁骨牙群呈箭头形，腭骨及舌面中央均有细长形牙带。鳃孔大。鳃盖条 7。鳃耙 13～16+36～40。有假暇鳃。背鳍 I，VIII，I-30～33；臀鳍 II，I-26～30；胸鳍 20～21；腹鳍 I-5；尾鳍 17。竹筴鱼体被圆鳞，易脱落，头部除吻和眼间隔前部以外均被鳞，身体和胸部都有鳞片。竹筴鱼侧线自起点至第二背鳍始部下方，几呈直线状，以后斜度甚大，斜向下方，但至第二背鳍 7～9 鳍条下方起至尾基成为直线状。侧线上全被棱鳞，68～71 个，棱鳞高而强，在直线部连接呈一明显的隆起嵴。第一背鳍有一向前平卧棘与 8 鳍棘，棘间有膜相连。第二背鳍有 1 鳍棘，30～33 鳍条。臀鳍与第二背鳍同形，有 1 鳍棘，26～30 鳍条，其前方有 2 短棘。胸鳍镰刀形；腹鳍短，胸位；尾鳍叉形。竹筴鱼背部

竹筴鱼

青黄带绿色，腹部银色，鳃盖后上缘有一明显的黑色斑，各鳍草绿色。竹筴鱼幽门盲囊长条状，约十几个。脊椎骨 10+14。

◆ **生活习性**

竹筴鱼系近海暖水性中上层鱼类。东海竹筴鱼仔稚鱼期以桡足类、枝角类、磷虾和糠虾类幼体等小型浮游生物为主要食料；幼鱼和成鱼期，除磷虾、糠虾类、甲壳类幼体、小沙丁鱼幼体等浮游生物之外，小型鱼类和头足类等也是其摄食对象。南海北部竹筴鱼产卵群体分布在粤西、

珠江口外海和粤东近海，产卵期为 10 月至翌年 4 月，盛期为 12 月至翌年 1 月。东海九州北部群的产卵期为 3 ～ 6 月，盛期为 4 ～ 5 月；东海中部群产卵期为 1 ～ 5 月，盛期为 2 ～ 3 月；东海南部群产卵期为 11 月至翌年 4 月，盛期为 1 ～ 2 月。黄海竹䇲鱼的越冬场在对马海峡附近及东海北部，12 月至翌年 1 月为越冬期，2 月鱼群开始北上；竹䇲鱼在黄海的产卵期为 5 月下旬至 6 月上旬。黄海竹䇲鱼属于一次排卵类型，产浮性卵，卵径 0.81 ～ 0.93 毫米；生殖力 15 万～ 55 万粒，平均 40 万粒。东海南部钓鱼岛海域竹䇲鱼主要产卵期为 3 月中下旬，个体绝对生殖力在 1.2264 万～ 3.7629 万粒 / 尾。

◆ 资源利用

竹䇲鱼主要通过灯光围网、拖网、大网缯、上缯、驶缯以及各种定置网作业捕捞，且以灯光围网捕捞为主。由于竹䇲鱼常与鲐鱼、红背圆鲹、金色小沙丁鱼、脂眼鲱、颌圆鲹栖息在一起。所以是上述作业的兼捕鱼种。

20 世纪 50 年代至今，东海竹䇲鱼资源经历了最盛期 - 衰退期 - 恢复期的过程，这一过程也可以从竹䇲鱼体长的变化上得到充分反映。1997 ～ 2000 年，水声学评估结果显示，东海竹䇲鱼四季的资源量为 13.44 万～ 37.04 万吨，平均为 26.42 万吨，以东海外海的资源量为较大。50 年代至 60 年代初期，竹䇲鱼曾经是中国渤、黄、东海区春、夏汛围网的捕捞对象。1958 年，中国竹䇲鱼产量高达 9974 吨；1959 年和 1960 年下降到 4000 多吨；2003 ～ 2011 年，东海区竹䇲鱼年产量超过 5000 吨，高产年份如 2005 年和 2011 年产量分别达 1.02 万吨和 1.2 万吨，资源呈现出上升趋势。

◆ **资源养护**

世界各国一直在进行网具选择性的试验和研究，以期改进网具，提高释放兼捕鱼种效果。

印度无齿鲳

印度无齿鲳是脊索动物门脊椎动物亚门硬骨鱼纲鲈形目无齿鲳科无齿鲳属一种。又称印度玉鲳、非洲玉鲳、叉尾、叉尾鲳、印度双鳍鲳。常见经济鱼类。

印度无齿鲳分布于日本、印度，以及中国南海、台湾海峡、东海等海域。该物种的模式产地在马德拉斯。

印度无齿鲳体呈椭圆形，甚侧扁。吻短钝，为眼径一半左右。体形较小，体长可达 25 厘米。背鳍 XI～XII-I，15～16；臀鳍 III，15；鳃耙数 GR8+15～17；背鳍 2 个，体侧有不太明显的横列条纹；腹鳍短，可收入腹沟中；尾鳍深叉。体背薄圆鳞，易脱落。印度无齿鲳背部色较深，腹部浅色，各鳍浅色。

印度无齿鲳属于近海暖水性中下层鱼类，栖息深度 20～300 米，具日夜垂直洄游习性。生活在泥底质的大陆棚及大陆坡，成小群活动。属肉食性鱼类，以无脊椎动物为食。

印度无齿鲳产量较低，年产 100 万～1000 万吨，以生鲜或干渍利用。因其肉质好而具有较高经济价值。

秋刀鱼

秋刀鱼是硬骨鱼纲颌针鱼目竹刀鱼科秋刀鱼属一种。

◆ 分布

秋刀鱼属在太平洋有两种，分别是分布于北太平洋的秋刀鱼和南美秘鲁的大吻秋刀鱼。秋刀鱼广泛分布于北太平洋及其沿海区域，是太平洋重要的经济鱼类，是日本、韩国、俄罗斯，以及中国台湾地区的传统重要捕捞对象。

◆ 形态特征

秋刀鱼体纤细延长，呈棒状，侧扁。吻呈镰状。眼较大。口前位，下颌稍长于上颌。背鳍与臀鳍位于身体后方，无硬棘，其后方均具有小离鳍；腹鳍位于体中央之略后方；尾鳍深开叉。体被细圆鳞。侧线近腹缘。秋刀鱼背部呈深蓝色，腹部呈银灰色，吻端与尾柄后部略带黄色，体侧中央有一银蓝色纵带。背鳍、小鳍、尾鳍均呈灰褐色，胸鳍浅灰色，臀鳍和腹鳍呈白色。

◆ 生活习性

秋刀鱼属于冷温水性表层鱼类，适宜温度 10～24℃。白天一般生活在 50 米以上水域，夜间移动到表层。一般在白天和日落前后摄食，夜间几乎不摄食。秋刀鱼是典型的浮游动物食性，主要以桡足类、端足类、鱼卵、仔鱼和磷虾为饵料。

◆ 洄游

秋刀鱼为洄游鱼类，洄游范围很大，以适应越冬和产卵。一般认为秋刀鱼有 4 个种群，从西向东看分别有日本海种群、西北太平洋种群、北太平洋中部种群及加利福尼亚种群，其中以西北太平洋种群的资源量最高、利用最多、产量最大。西北太平洋秋刀鱼在冬季产完卵后北上进行索饵洄游。主要索饵场在千岛群岛东南的亲潮水域。9 月左右沿着日本东侧沿岸南下进行越冬洄游，次年 1 月左右到达日本以南产卵场进行产卵。

◆ **繁殖**

秋刀鱼全年都有产卵，主要的产卵季为秋季和冬季。秋刀鱼属于多次排卵型，一次产卵量为 1500 ～ 5000 粒。卵粒为椭圆形，长径为 1.7 ～ 2.2 毫米，短径为 1.5 ～ 2.2 毫米。卵粒密度比水大，主要依附在以马尾藻为主的浮游藻类上。产卵最适水温为 14 ～ 20℃，受精后 10 ～ 14 天可孵化。秋刀鱼性成熟很早，一般孵化后 270 天左右可达性成熟，最早性成熟体长为 220 毫米。秋刀鱼的生命周期很短，一般在 2 龄以内，耳石的第一个透明带在冬季形成。1 龄鱼的平均体长可以达 270 毫米，平均体重为 80 克。

◆ **资源利用**

秋刀鱼为亚太国家的重要经济鱼类，世界年均产量约为 40 万吨。日本从 20 世纪初就开始捕捞秋刀鱼，韩国捕捞秋刀鱼也很早但产量较低。20 世纪 80 年代末，苏联和中国台湾地区也相继开发秋刀鱼。2000 年以后中国台湾地区产量迅速增加，于 2014 年产量超过日本跃居第 1 位。中国大陆于 2013 年正式开发秋刀鱼远洋渔业，产量增长迅速。秋刀鱼具有较强的趋光性，其主要作业方式为舷提网。日本和俄罗斯主要在近岸渔场捕捞，其他国家和地区则在外海渔场生产。秋刀鱼生命周期短，其资源量受环境影响波动较大。1958 年世界产量最高达 57.5 万吨，1969 年最低仅为 6.3 万吨。日本的资源评估报告显示，西北太平洋秋刀鱼的资源量在 200 万～ 300 万吨。2015 年，秋刀鱼正式纳入北太平洋渔业委员会（NPFC）管理之下，这对秋刀鱼资源的保护和有效利用可起到关键作用。

◆ **价值**

秋刀鱼体内含丰富的蛋白质和脂肪等，其粗脂肪含量高于很多其他海水鱼类。口感好且味道鲜美，可以做生鱼片食用，也常用于盐烤。价格便宜，也可作为金枪鱼钓渔业的饵料鱼。

大黄鱼

大黄鱼是脊索动物门硬骨鱼纲辐鳍亚纲鲈形目石首鱼科黄鱼属一种。俗称红口、黄纹、黄鱼、黄金龙、黄瓜鱼、大鲜和大黄花鱼等。

◆ **种群与分布**

大黄鱼分布在黄海南部、东海、台湾海峡到南海雷州半岛以东沿海。大黄鱼有 3 个地理种群，第一个地理种群为南黄海—东海地理种群，包括 8 个产卵群体，其产卵群体数量最多；第二个地理种群为台湾海峡—粤东地理种群，存在 4 个产卵群体，其产卵群体数量较少；第三个地理种群为粤西地理种群，只有两个产卵群体，其产卵群体数量最少。这 3 个大黄鱼地理种群具有明显的生殖地理变异，即第一个地理种群中，春季生殖的春宗群体多于秋季生殖的秋宗群体；第二个地理种群中的秋宗群体向南逐渐增加，而春宗群体则向南逐渐减少；第三个地理种群则以秋宗群体为主，春宗群体为辅。每个地理种群中的各个产卵群体均为同域分布，生殖隔离明显。

◆ **形态特征**

大黄鱼体侧扁；背、腹缘均广弧形；尾柄长为其高的 3 倍以上；体长为体高的 3.7 ～ 4.0 倍。头侧扁，大而尖钝。吻钝尖，吻上孔 3 个或消失；吻缘孔 5 个。眼中大，上侧位；眼间隔圆凸。鼻孔每侧 2 个。口前位，斜裂，下颌稍凸出。牙细小而尖锐。颏孔 6 个，无颏须。鳃孔大，鳃盖膜不与峡部相连。前鳃盖骨边缘具细锯齿；鳃盖骨后上方具 2 扁棘。鳃盖条 7。鳃耙细长。头及体前部被圆鳞，体后部被栉鳞。背鳍 VIII ～ IX，I-31 ～ 34；臀鳍 II-8；胸鳍 15 ～ 17；腹鳍 I-5；尾鳍尖长，稍呈楔形；侧线鳞 56 ～ 57。大黄鱼背侧黄褐色，腹侧金黄色，背鳍、尾鳍灰黄色，胸鳍、腹鳍黄色，唇橘红色。

◆ **生活习性**

大黄鱼属中下层鱼类，一般栖息于水深

大黄鱼

30 ～ 60 米海区的中下层，只有在摄食和繁殖季节追逐交配时才升至中上层。大黄鱼为暖温性、广盐性河口鱼类，适宜温度 8 ～ 32℃，最适温度为 20 ～ 28℃；适宜盐度 6.50 ～ 34.00，最适盐度 24.50 ～ 30.0；溶解氧要求在 5 毫升 / 升以上，临界值为 3 毫升 / 升；pH 为 7.85 ～ 8.35；适宜光照度约 1000 勒克斯，透明度 0.2 ～ 3.0 米。广谱肉食性鱼类，摄食的天然饵料生物累计达上百种。开口仔鱼捕食轮虫和桡足类、多毛类、瓣鳃类等浮游幼体；稚鱼阶段主食桡足类和其他小型甲壳类；50克以下的早期幼鱼主食糠虾、磷虾、莹虾等小型甲壳类；50克以上大黄鱼主食小杂鱼虾。

大黄鱼具有集群摄食习性，在大群体或较高密度条件下摄食旺盛。其摄食强度与温度密切相关。在高密度与饥饿状态下，从稚鱼起就有自相残食现象。大黄鱼生长发育阶段可分仔鱼期、稚鱼期、幼鱼期和成鱼期。体长在1龄前增长较快，从2龄开始就明显变慢；体重增加在6龄前均较明显，尤其在1～3龄。不同种群的生长速度也不同，并与水温、饵料及群体大小等有关。同龄的雌鱼明显比雄鱼生长快。

◆ **洄游与繁殖**

大黄鱼可做生殖洄游、索饵洄游和越冬洄游。①生殖洄游。春季，随着台湾暖流与南海水等外海高温高盐水势力的增强，鱼群开始离开越冬场，向北、向近岸洄游，主要在5～6月产卵。在长江口外和浙江外海越冬的大黄鱼，到浙江的猫头洋、岱衢洋和江苏的吕泗洋产卵；闽江口及其南北临近外侧越冬的大黄鱼，到官井洋及东引等闽江口外海产卵；珠江口外越冬的大黄鱼，到南澳岛近海产卵。②索饵洄游。产卵后的生殖群体及其稚、幼鱼分散在产卵场附近的湾内外和河口的广阔浅海索饵育肥。③越冬洄游。秋后，随着水温下降，在沿岸、内湾的大黄鱼，集群向南、向外洄游，12月至翌年3月，在长江、瓯江、闽江及珠江等江口外50～80米海域的底层越冬。

根据东海区大陆架渔业资源调查（1978～1985）并结合历史资

料，分布于东海区的大黄鱼有 3 个越冬场。①江外、舟外渔场越冬场，50 ～ 80 米水深海域。②浙南、闽东、闽中外侧海区越冬场，30 ～ 60 米水深海域。③大沙、沙外渔场越冬场，50 ～ 70 米水深海域。其中，第一个越冬场范围较大，鱼群数量也较多。越冬场水温 9 ～ 11℃，盐度 33 左右。越冬期一般为 1 ～ 3 月。4 ～ 6 月随着沿岸近海水温升高，暖流势力增强，夏季产卵全从越冬场结群游向沿海产卵场产卵。其中江外、舟外越冬场的鱼群主群大致朝西北游向长江口渔场北部和吕泗渔场南部，支群朝偏西方向进入岱衢海区产卵场，尚有部分鱼群北上进入大沙渔场，混同该越冬场的群体进去吕泗渔场；在大沙越冬场的鱼群，除主要进去吕泗渔场外，尚有一定数量鱼群进入海州湾产卵。

岱衢洋的大黄鱼和闽东大黄鱼一般 2 龄可达性成熟；硇洲族的大黄鱼 1 龄时可达成熟。雄鱼性成熟的年龄比雌鱼略小。大黄鱼性成熟除与年龄、生长密切相关外，还与越冬条件、水温、光照、饵料、鱼体含脂量等综合因子有关。人工养殖大黄鱼的性成熟要比野生的早。

◆ **资源利用**

大黄鱼曾是中国海洋四大主捕对象（大黄鱼、小黄鱼、带鱼、乌贼）之一。20 世纪 60 年代，大黄鱼多达 24 ～ 25 个年龄组，以大黄鱼剩余群体为主捕对象；至 70 年代，减少到 14 ～ 15 个年龄组，以大黄鱼补充群体为主捕对象；至 80 年代初期，仅有 10 个年龄组。20 世纪中叶，"敲罟"渔法造成其资源枯竭，禁止"敲罟"后的 70 年代前，资源恢复到全国平均年捕捞量约 12 万吨的水平。但 70 年代的"机动大围网"歼灭性围捕，导致各渔场均不成鱼汛。闽东科技人员从 1985 年起，历经人工育苗初试、全人工批量育苗科技攻关、养殖技术的成熟、养殖技术产业化、产业技术支撑体系与产业提升等，大黄鱼成为中国最大规模的海水养殖鱼类和八大优势出口养殖水产品之一。2015 年养殖产量 14.86 万吨，相关企业 200 余家，总产值百亿元，直接、间接从业人员约 30 万。

◆ **资源养护**

1985 年，福建省在原官井洋大黄鱼产卵场及邻近的索饵场、洄游通道海域，设立了总面积 329.5 平方千米 "官井洋大黄鱼繁殖保护区"；后经两次修改将其缩小到 190 平方千米。2008 年，农业部公布了首批的包括 190 平方千米 "官井洋大黄鱼" 的 "国家级水产种质资源保护区"。2012 年 "福建省国家级官井洋大黄鱼原种场" 挂牌。大黄鱼作为主要的增殖放流种类，但因长期的高强度捕捞，其资源仍不见恢复迹象。

为恢复大黄鱼天然资源，需加强对稚鱼阶段的定置张网、幼鱼阶段的拖网、越冬场的机动大围网和产卵场各种网具的管理，要加大增殖放流力度。

小黄鱼

小黄鱼是脊索动物门脊椎动物亚门硬骨鱼纲辐鳍亚纲鲈形目石首鱼科黄鱼属一种。又称小黄瓜、小鲜、黄花鱼。

小黄鱼为传统 "四大海产"（小黄鱼、带鱼、大黄鱼、乌贼）之一。

◆ **分布**

小黄鱼广泛分布于渤海、黄海、东海、台湾海峡以北近海。中国近海小黄鱼可分为黄海北部—渤海群、黄海中部群、黄海南部群、东海群等种群。

◆ **形态特征**

小黄鱼体延长，侧扁，尾柄长为尾柄高的 2.7 ～ 3.4 倍。头大，具有发达黏液腔和矢耳石。口大而倾斜，前位。上下颌略相等。下颌无须，颏部有 6 个不明显小孔。上下颌具细牙，上颌外侧及下颌内侧牙较大，但无犬牙；腭骨及犁骨无牙。背鳍连续；鳍棘部与鳍条部之间具一缺刻，具 9 ～ 11 鳍棘和 29 ～ 40（一般为 34 ～ 35）鳍条；臀鳍具 2 鳍棘，8 ～ 11 鳍条，臀鳍第二棘小于眼径；尾鳍尖长。头及体前部具圆鳞，后部具栉鳞，侧线上鳞 5 ～ 6 枚；奇鳍鳍条部亦具细鳞。侧线伸达尾鳍末端。背侧黄褐色，腹侧金黄色，鳍灰黄色，唇橘红色。鳃耙数 25 ～ 33。椎骨数 28 ～ 30，幽门盲囊数 8 ～ 22。鳔与鼓肌发达，鳔具 22 ～ 36 对侧肢。

小黄鱼

◆ **生活习性**

小黄鱼主要栖息于沿岸及近海沙泥底质水深在 20 ～ 100 米的中底层水域。喜集群活动，会进入河口区。厌强光，喜浑浊水流。鱼群有明显的垂直移动现象，黎明、黄昏或大潮时多上浮，白昼或小潮则下浮至底层。小黄鱼鳔能发声，在生殖期会发出"咯咯"的声音；鱼群密集时，声如水沸声或松涛声。冬季在深海越冬，春季向沿岸洄游。

黄海北部—渤海群的越冬场在水深 60 ～ 80 米的黄海中部，随着水温的升高，向北洄游，经成山头分为两群：一群游向北；另一群经烟威渔场进入渤海，在渤海沿岸、鸭绿江口等海区及朝鲜西海岸的延坪岛水域产卵，产卵后鱼群分散索饵，之后水温下降，逐渐游经成山头以东，向越冬场洄游。黄海中部群的越冬场在黄海中部北纬 35° 左右，在海州湾、乳山外海产卵，产卵后分散索饵，之后向越冬场洄游。黄海南部群一般在吕泗渔场与黄海东南部越冬场之间的海域进行东西向的洄游移动，在吕泗渔场进行产卵，产卵后分散索饵，之后向东进行越冬洄游。东海群的越冬场在温州至台州外海水深 60～80 米海域，在浙江和福建近海、佘山、海礁一带浅海区产卵，产卵后鱼群分散在长江口一带海域索饵，之后随水温下降向温州至台州外海作越冬洄游。

小黄鱼属广食性鱼类，主要摄食浮游动物、鱼虾等，其中浮游动物以桡足类为主。在黄海南部、东海北部海域，小黄鱼主要摄食游泳动物，但在不同的生活时期摄食强度不同，越冬期、产卵期和索饵期的摄食强度依次增加。小黄鱼幼鱼和成鱼食物组成差异明显，且幼鱼在各个发育阶段食物转换现象明显，体长 9～20 毫米时，以双刺纺锤镖蚤为主要饵料；体长 16～60 毫米时，以浮游动物中的太平洋哲镖蚤、真刺唇角镖蚤、长额刺糠虾、强壮箭虫等为主要饵料，同时开始吞食小鱼；体长 61～80 毫米时，开始捕食较大型的虾类和小鱼，如中国毛虾等，但仍摄食浮游生物；体长达 81 毫米以上时，以虾类和小鱼为主要饵料，且具有了成鱼的摄食习性。小黄鱼的摄食对象在很大程度上取决于栖息环境饵料种类的分布情况。

小黄鱼产卵期为 3～6 月，由南向北略微推迟。产卵场一般都分布在河口区和受入海径流影响较大的沿海区，属低盐水与高盐水混合区的偏高温区；底质为泥沙质、沙泥质或软泥质；底层适温 11 ～ 14℃。小黄鱼昼夜产卵，主要产卵时间在 17 ～ 22 时，19 时左右达最高峰。孵化时间随水温的变化而不同，通常为 63 ～ 90 小时。性腺成熟系数雌鱼 9 月最低，5 月达高峰；雄鱼 3 ～ 4 月最高。怀卵量与年龄有关，2 龄个体怀卵量为 2 万～ 30 万粒；3 ～ 4 龄鱼为 3.2 万～ 7.2 万粒；5 ～ 9 龄鱼处于怀卵高峰期，为 8.3 万～ 12.5 万粒；10 龄鱼怀卵量开始下降。

小黄鱼产分离浮性卵。成熟卵径 1.8 ～ 2.2 毫米，受精卵在 13℃ 水温下孵化需 6 天左右。南黄海群产卵适温为 10 ～ 13℃，盐度为 29.5 ～ 32.5；东海群产卵适温为 11 ～ 14℃，盐度为 30.5 ～ 34.5；黄渤海群产卵适温为 11 ～ 15℃，盐度为 25.5 ～ 30.5。

◆ **资源利用**

中国捕捞小黄鱼的历史较早，可追溯至先秦时吴王阖闾时代（前 514 ～前 496）。以往小黄鱼以春、夏汛为主。随着渔船设备的先进化和科学技术投入的增大，人类对小黄鱼的产卵场、索饵场和越冬场的了解也随之更清楚，已可以全年作业，其中春汛、夏汛产量占 1/3，秋汛、冬汛产量占 2/3。小黄鱼种群数量以南黄海群和黄海群为大，其次为黄渤海群和东海群。小黄鱼主要生产国有中国、日本、韩国。中国群众渔业的主要捕捞方法为张网和小型围网捕捞，机轮渔业为拖网捕捞。经历了 20 世纪 50 年代的兴盛期，渔业资源群体主要由多龄鱼组成，渔获物以 2 龄以上鱼为主，是中国北方海洋渔业的支柱产业之一；自 60 年代开始，随着捕捞强度的不断增大，资源开始衰退，产量连续下降；1972

年降至历史最低水平；直到 80 年代末期，小黄鱼资源一直处于低谷，没有明显的恢复；自 90 年代以来，小黄鱼资源开始恢复。但是，过度捕捞导致小黄鱼资源群体结构简单、生长加快、性成熟提前的现象并没有改观。

◆ 资源养护

中国采取的伏季休渔制度对小黄鱼资源有一定的养护作用。另外，最小网目尺寸的限制，可保护小黄鱼幼鱼资源。

◆ 价值

小黄鱼食用价值高，肉质鲜嫩，营养丰富，含有丰富的蛋白质、糖、脂肪、钙、磷、铁、钾、钠、镁、硒和维生素 A 等人体所需的多种营养成分，是优质食用鱼，常用来鲜食或制成腌干品。油炸小黄鱼是常见菜品。捕捞后的小黄鱼常冷冻保存。另外，医学研究发现，小黄鱼还具有相当高的药用价值，如鱼鳔具有润肺、健脾、补气血的功效；胆能清热解毒、平肝、降血脂；鱼鳞可制药用胶；精巢用来提取鱼精蛋白、精氨酸；卵巢则可用于提取卵磷脂。

油炸小黄鱼

冷冻小黄鱼

第 4 章

增殖鱼类

淡水增殖鱼类

大麻哈鱼

大麻哈鱼是脊索动物门硬骨鱼纲鲑形目鲑科大麻哈鱼属一种。又称大马哈鱼、大发哈鱼、秋鲑等。

◆ 分布

大麻哈鱼分布于北纬 40° 以北的太平洋水域及其沿岸河流。在俄罗斯、日本、朝鲜及北美洲北部等北太平洋沿岸河流均有大麻哈鱼分布。在中国，大麻哈鱼分布于黑龙江中、上游及其支流乌苏里江，松花江，以及绥芬河和图们江等水域；上溯可达黑龙江上游支流呼玛河、乌苏里江上游松阿察河及松花江支流汤旺河、牡丹江等。

◆ 形态特征

大麻哈鱼体长形，侧扁。头侧扁。吻凸出，微弯，形如鸟喙。大麻哈鱼生殖期雄鱼吻端显著凸出，弯曲如钳形，上下颌不能吻合。鼻孔 2 个，孔间具发达瓣膜。鳞细小，除头部外，周身被鳞，侧线明显。胸鳍位低，腹鳍短小。尾鳍浅叉状或内凹。海洋生活时，大麻哈鱼体色银白；

溯河产卵期，体侧出现 10 ～ 12 条橙红色横斑条。大麻哈鱼雄鱼体色浓艳，斑块较大。吻端、唇部、腮部和腹部为黑色或暗苍色，臀鳍和尾鳍为灰白色。

◆ 生活习性

大麻哈鱼为冷水性溯河洄游鱼类，即为江里生、海里长，又回原产地河流产卵繁殖的鱼类。大麻哈鱼有两个生态类群，即夏季溯河回归的夏鲑和秋季溯河回归的秋鲑，进入中国境内的仅有秋鲑。幼鱼主要摄食昆虫、桡足类和圆虫类，以摇蚊幼虫为主。在海洋生活阶段以捕食鱼类为主，溯游到淡水中的成鱼则不摄食。

◆ 生长与繁殖

大麻哈鱼出生于河流中，孵化后降河入海，主要在海洋中生长发育，性成熟后溯河洄游至出生地产卵繁殖，产卵后亲鱼逐渐死去。太平洋两岸大麻哈鱼生长无明显差异，不同年份溯河洄游产卵群体的平均叉长、体长有所变动，生长速度随着年龄的增加而逐渐递减，且 3 龄前生长速度较快。性成熟与其各年龄段生长情况有关，性成熟年龄较小组的生长速度要快于性成熟年龄较大的组。雌雄个体间生长无显著差异。

产卵亲鱼一般为 3 ～ 5 龄，以 4 龄为主。个体怀卵量为 2800 ～ 5400 粒，平均 4000 粒。成熟卵呈橙红色、沉性卵。卵径为 5.4 ～ 7.4 毫米。产卵在 10 ～ 11 月。产卵水温为 4 ～ 14℃。产卵场多在水质清澈、水流较急、砾石底质处，水深 1 米左右。产卵时，雄鱼挖坑；交配后，将卵用沙石覆盖，并在卵坑周围守护；产卵后，亲鱼相继死去。溯河产卵时不摄食。一生只繁殖一次。

◆ **资源概况**

大麻哈鱼作为江海洄游鱼类，北太平洋沿岸鱼源国均进行增殖放流，以期增大或恢复资源量，保护大麻哈鱼地理种群生物多样性。1956年以来，中国先后进行了大麻哈鱼的人工繁殖、孵化、放流，增殖保护大麻哈鱼资源。21世纪初，中国首次在大麻哈鱼产卵河流进行其种群恢复和栖息地保护与修复工作，恢复河流生态和生物多样性，养护大麻哈鱼资源，对产卵场加以保护，对产卵场和洄游通道提出繁殖期禁捕的建议。

◆ **意义与价值**

大麻哈鱼为中国珍稀溯河冷水性鱼类，连系海洋、海湾、河流和流域等生态系统，具有较高科学价值和生态意义，已被列入中国珍稀鱼类名录。大麻哈鱼为水生生物养护及其增殖放流主要物种，利用其高度溯河洄游习性增殖放流，发展海洋放牧鲑渔业，具有很高的经济效益、社会效益及生态效益。此外，大麻哈鱼是多种野生动物的食物，也是海洋与陆地物质循环的载体。保护大麻哈鱼种群资源，对生态系统平衡与稳定起重要作用。

大麻哈鱼也是名贵的大型经济鱼类，体大肥壮，肉味鲜美，营养丰富，尤其是其鱼子为上佳补品，在渔业经济中占有重要地位。肉可鲜食，也可胶制、熏制，加工罐头，都有特殊风味。盐渍鱼卵即闻名的"红鱼子"，营养价值很高，在国际市场上享有盛誉。

池沼公鱼

池沼公鱼是脊索动物门硬骨鱼纲鲑形目胡瓜鱼科公鱼属一种。又称公鱼、黄瓜鱼、春生子。

◆ 分布

池沼公鱼分布于中国黑龙江中游、俄罗斯远东地区、日本、朝鲜、加拿大和美国阿拉斯。

◆ 形态特征

池沼公鱼体长、侧扁。口端位，上颌骨后端不达眼中点下方。上、下颌及舌上均具有绒毛状齿。眼较大，侧上位。背鳍起点约位于体中部，背鳍与腹鳍相对。腹鳍后端游离呈屈指状。胸鳍位低，后伸不达腹鳍。臀鳍起点距尾鳍基的距离大于至腹鳍的距离。尾鳍分叉很深。池沼公鱼体被薄鳞，侧线不完全，鳞片边缘有暗色小斑。池沼公鱼背部为绿褐色，体侧银白色，各鳍均为灰黑色。

◆ 生活习性

池沼公鱼喜栖清澈水域，通常在近岸潜水区摄食，不作长距离游动。池沼公鱼喜低温，在28℃以下水温能正常生活，最适温度为10～22℃，可适应盐度在16以下的咸淡水。池沼公鱼对水质污染比较敏感。池沼公鱼具有回避强光性。池沼公鱼幼鱼摄食小型浮游动物；成鱼取食桡足类、枝角类、昆虫及其幼虫，胃含物中也出现过藻类。食性与亚洲公鱼相似。

◆ 生长与繁殖

池沼公鱼为淡水、小型鱼类。为一年生，少部分活到第二年、第三年。一年体长可达 10 厘米左右，一般为 12 ～ 15 厘米。新移植于丹东凤城市境内土门子水库的池沼公鱼，4 月下旬，刚孵出的仔鱼平均全长为 4.9 毫米，平均体重为 0.16 毫克；10 月末，达性成熟，体长平均 92.6 毫米，体重平均 6.89 克；翌年 3 月，体长平均 100 毫米，体重平均 8.84 克。

池沼公鱼出生第二年性成熟。产卵在 4 ～ 5 月。繁殖力强。个体怀卵量为 600 ～ 4000 粒。产卵场位于水库沿岸有水草或有沙砾的地方。卵径为 0.8 ～ 1.0 毫米，有油球，卵有附着膜，翻转时附于物体上。产卵后，亲体绝大多数死亡。

◆ **资源利用**

池沼公鱼作为捕捞对象亦可提高经济效益。但池沼公鱼数量少，远不及亚洲公鱼增养殖面广，应重视保护其野生种质资源。

◆ **价值**

池沼公鱼为亚冷水性的小型名贵鱼，味道清香、肉质鲜嫩，可鲜食或制成各种风味食品。还可作为饵料生物，移植入水库，促进食鱼性鱼类产量提高。

银　鱼

银鱼是硬骨鱼纲胡瓜鱼目银鱼科银鱼属一种无胃型凶猛淡水鱼。又称才鱼。

银鱼主要分布在亚洲东部的日本、朝鲜、韩国、越南及中国，尤以中国种类最多。在中国，主要分布于东海、黄海、渤海沿海及长江、淮河中下游河道和湖泊水库。

巢湖银鱼

◆ **形态特征**

银鱼体细长，常见个体体长为 15 厘米左右。头部上下扁平。吻尖，呈三角形。下颌长于上颌。银鱼背鳍起点至尾鳍基部的距离大于至胸鳍基部，性成熟时雄鱼臀鳍成扇形，基部有一列鳞片，胸鳍大而尖。银鱼体透明，两侧腹面各有一行黑色色素点。

◆ **生活习性**

银鱼幼鱼和成鱼食性差异较大。幼鱼主食枝角类、桡足类及一些藻类；体长 80 毫米以后逐渐转向肉食性；体长 110 毫米以上主要以虾、鲚鱼等为食，可吞食全长为自身全长 33% ～ 68% 的其他鱼类。具有同种残食现象，在食性转化阶段尤为严重。分批产卵的一年生鱼类。一年产两次卵，第一次产卵后 15 天左右即进行第二次产卵，第二次产卵后不久亲鱼便死亡。雌鱼有两个卵巢，雄鱼只有一个精巢。繁殖期大银鱼个体差异较大，亲鱼雄鱼体长为 90 ～ 175 毫米，雌鱼为 90 ～ 210 毫米，雄鱼具有明显的副性征，雌鱼没有副性征。大银鱼产卵期为 12 月中旬至翌年 3 月中下旬，产卵水温范围为 2 ～ 8℃。

◆ **价值**

银鱼可食率为 100%，含丰富的钙、磷、铁、维生素及多种氨基酸，干制银鱼含钙量为群鱼之冠，被誉为"鱼参"。大银鱼及其制品在国际市场上都很受欢迎，也是中国出口创汇的主要水产品之一。

海水增殖鱼类

褐牙鲆

褐牙鲆是脊索动物门硬骨鱼纲鲽形目鲆科牙鲆属一种。俗称比目鱼、左口、沙地、牙片、偏口等。褐牙鲆是东北亚沿岸特有种。

褐牙鲆主要分布于中国、朝鲜半岛、日本和俄罗斯远东等地的沿岸海域。在中国，褐牙鲆可能存在黄海、渤海，东海两个地理群。

◆ 形态特征

褐牙鲆体延长、卵圆形、扁平。体长为体高的 2.3 ～ 2.6 倍，为头长的 3.4 ～ 3.9 倍。双眼位于头部左侧。褐牙鲆牙尖锐，呈锥状，上、下各一行。无颚上枝。有眼侧的两个鼻孔约位于眼间隔正中的前方，鼻孔后缘有一狭长瓣片。侧线鳞 123 ～ 128，左、右侧线同样发达。褐牙鲆背鳍始于上眼前缘附近，左、右腹鳍略对称、尾鳍后缘呈双截形。褐牙鲆奇鳍均有暗色斑纹，胸鳍有暗点或横条纹。褐牙鲆有眼侧小栉鳞，呈褐色；无眼侧被圆鳞，呈白色。

◆ 生活习性

褐牙鲆为大型、底栖性，广温、广盐性鱼类。褐牙鲆适宜生长温度为 14 ～ 23℃，适宜盐度为 10 ～ 35。褐牙鲆具潜沙习性，幼鱼多生活在水深 10 米以上、有机物少、易形成涡流的河口地带。褐牙鲆有洄游习性，秋季水温下降时，褐牙鲆向较深海域移动；11 ～ 12 月，向南移至水深 90 米以上海域越冬；春季，游回近岸 30 ～ 70 米浅水海域产卵。凶猛、肉食性鱼类。在生态系统食物链中，褐牙鲆主要捕食鲱科、鳀科和石首科等鱼类，以及虾、蟹类和头足类等。

褐牙鲆黄海、渤海群，1～2月越冬，越冬场位于北纬33°30′～37°30′、东经122°30′～124°0′海域，水深50～80米；3月，向北进行移动；4月，进入渤海产卵，产卵场位于15～25米水深；10月，开始进行越冬洄游。褐牙鲆东海群，1～2月越冬，越冬场位于东海中部40～80米水深处；3～4月，在浙、闽近海产卵；9月以后，逐渐游往越冬场。

◆ 生长和繁殖

褐牙鲆寿命达13龄。黄海、渤海群体，年龄组成为1～8龄，体长为110～680毫米。繁殖雌鱼初次性成熟为2龄，繁殖群体主要是3～4龄。在黄海、渤海，褐牙鲆产卵期为4～6月，属多次产卵型鱼类。褐牙鲆产卵水温为10～21℃，最适水温为15℃。褐牙鲆性成熟雌鱼体长为339～741毫米，体重为565～6610克，个体生殖力为14万～975.1万粒。

◆ 资源利用

褐牙鲆在中国属于重要经济鱼类之一。1959～1982年，渤海褐牙鲆资源处于上升期，资源量增加了4倍多；但是1982年以后，资源量急剧下降；到2010年，仅为1982年的0.39%资源已处于过度利用状态，已很难捕获。20世纪90年代以来，为补充褐牙鲆天然资源的不足，褐牙鲆养殖业迅速发展。

◆ 养护及管理

褐牙鲆资源的管理和保护可恢复其天然群体。2006年以来，中国沿海地区开展了大规模的褐牙鲆增殖放流，年放流苗种数千万尾，这对于其资源的恢复有积极作用。另外，伏季休渔制度的实行，对褐牙鲆资源的保护也具有积极作用。今后，可在褐牙鲆栖息地，建立其种质资源保护区，用以科学地养护其资源。

真 鲷

真鲷是动物界脊索动物门硬骨鱼纲辐鳍亚纲鲈形目鲷科真鲷属一种。又称正鲷、红加吉、加吉鱼、铜盆鱼、大头鱼、赤鲫、赤板、红鲷、红带鲷和红鳍等。

◆ 分布

真鲷分布于东北印度洋和日本北海道以南太平洋西部，在中国沿海从南到北均有分布。

◆ 形态特征

真鲷体长椭圆形，侧扁，一般体长 25 ～ 40 厘米、体重 400 ～ 1500 克，自头部至背鳍前隆起，体长约为体高的 2 倍。头较大，前端甚钝。口较小，端位。真鲷背鳍单一，硬棘部及软条部间无明显缺刻；臀鳍小，与背鳍鳍条部同形；胸鳍长于腹鳍；尾鳍叉形，边缘黑色。真鲷前鳃盖骨后半部具鳞；体被大弱栉鳞，头部和胸鳍前鳞细小而紧密，腹面和背部鳞较大。真鲷侧线完整。全身呈现淡红色，体侧背部散布着鲜艳的蓝色斑点，腹部为白色。真鲷尾鳍后缘为墨绿色，背鳍基部有白色斑点。

◆ 生活习性

真鲷为近海暖水性底层鱼类。喜栖息于水清而盐度较高的岩礁、沙砾及贝藻丛生的水域。喜结群。游泳迅速，一般活动于水深 30～40 米处。真鲷生活适温为 9～30℃，最适水温 18～28℃，适宜盐度 16～33。真鲷性凶猛、食性较杂，主要摄食底栖甲壳类、软体动物、棘皮动物、小鱼、蟹及海藻等。

真鲷寿命较长，有的可达 30 龄。有季节性洄游习性，表现为生殖洄游，生殖季节游向近岸浅水区进行繁殖，幼鱼主要活动在浅水区。真鲷野生鱼一般 4 龄达性成熟，生物学最小型尾叉长 280～360 毫米，体重达 0.5～1.1 千克。北方黄海、渤海地区产卵期为 5～7 月，南方广东沿海生殖季节为 11 月底～次年 2 月初。亲鱼的怀卵量与年龄体重有关，平均怀卵量在 100 万粒以上，最高可达 300 万粒，低的只有 25 万粒。产卵前雌鱼体色开始变得鲜红艳丽，雄鱼则在头部及体两侧形成明显的黑斑。产卵场一般在水深 4～10 米处。产浮性卵。

◆ 资源利用

一般用延绳钓、一支钓或底拖网等捕获真鲷。在黄海、渤海，真鲷的渔期为 5～8 月和 10～12 月；东海、闽南近海和闽中南部沿海，真鲷的渔期为 10～12 月，11 月是盛产期。

◆ 养殖概况

真鲷适宜在水质清新的池塘或网箱养殖，底层以沙质硬底为佳，网箱养殖密度为 10 千克/米^3 养殖水体。最适生长水温在 18～25℃，盐度为 17～31，pH 为 7.6～8.4，溶氧量 5 毫克/升以上。真鲷生长速度一般，养成 0.5～1 千克的商品鱼，一般需 1～2 年。东南亚各国，以及中国浙江以南海域、香港和台湾地区海域均可养殖。

◆ **价值**

真鲷系中国名贵鱼类，肉质细腻，味道鲜美，营养丰富，每 100 克肌肉中含蛋白质 19.3 克。

半滑舌鳎

半滑舌鳎是脊索动物门硬骨鱼纲鲽形目舌鳎科舌鳎属一种。俗称龙利鱼、鳎目、鳎米、鳎板等。半滑舌鳎为温水性、近海、大型底栖鱼类。

半滑舌鳎在中国沿海均有分布，以渤海、黄海中的数量为多，黄海、渤海群体存在分化，但未见明显的地理种群分化。渤海群体中，以渤海湾的南部和莱州湾的中、西部的数量为多，辽东湾的数量较少，且多数分布在湾的中南部，资源分布的季节变化不明显。

◆ **形态特征**

半滑舌鳎体延长、侧扁，呈舌形。头部短。吻延长呈钩状突。口小，右下位。眼小，均在左侧。有眼侧具 3 条侧线，被栉鳞；无眼侧被圆鳞或夹杂弱栉鳞。背鳍基底至上侧线间，鳞 9 ～ 10 行；上中侧线间，横列鳞 21 ～ 25 行；中下侧线间，横列鳞 24 ～ 33 行，下侧线至臀鳍基底间，横列鳞 10 ～ 12 行。背鳍及臀鳍与尾鳍相连，鳍条均不分支，无胸鳍。半滑舌鳎有眼侧多为棕黄色，无眼侧光滑呈乳白色。半滑舌鳎脊椎骨 56 ～ 58 枚。

◆ **生活习性**

半滑舌鳎属于广温、广盐性种类。生存温度为 3 ～ 30℃，适宜生长温度 15 ～ 25℃，适宜生长盐度 2 ～ 33。在渤海，半滑舌鳎于每年

12月上旬，由浅水向深水区移动、越冬；6月，游至近海8～15米水深；8月，进行索饵肥育；9月，进入产卵期。半滑舌鳎肉食性，以底栖生物为食，主要捕食虾蟹类、口足类、双壳类、鱼类、多毛类、棘皮动物、腹足类、头足类及海葵等。

◆ **生长与繁殖**

半滑舌鳎雌、雄个体差异大。渤海群体的雌鱼个体数量多于雄鱼。雌鱼的最高年龄为14龄，雄鱼的最高年龄为8龄。初次性成熟年龄，一般为3龄，雄鱼2龄即可成熟。性成熟个体的卵巢极为发达，体长560～700毫米个体的卵巢重量一般为110～370克，怀卵量为9.22万～25.94万粒。雄鱼精巢极不发达，成熟精巢的体积、重量只有成熟卵巢的1/200～1/900。在渤海，半滑舌鳎产卵期为9～10月，产卵场位于渤海湾、莱州湾及辽东湾中部，中心产卵场在河口附近水深为10～15米的海区。

◆ **资源利用**

半滑舌鳎是黄海、渤海重要经济鱼类之一，但已处于过度利用状态。调查表明，1998年，渤海半滑舌鳎资源量不足1959年的7.61%，1982年的4.40%；1998年以后的调查，未捕获半滑舌鳎。2003年以来，半滑舌鳎养殖业发展迅速，年养殖产量可达8000吨左右。

◆ **养护及管理**

对于半滑舌鳎的群体恢复，其资源管理和保护主要有3种方式：①加强增殖放流。2006年以来，中国沿海开展了半滑舌鳎增殖放流活动，年放流苗种数百万尾，对其自然资源的修复起到了促进作用。②中国伏季休渔制度的实施,对半滑舌鳎资源的保护也起到了一定的作用。休渔期可有利于半滑舌鳎的繁殖幼鱼的生长。③在其栖息地,应建立半滑舌鳎种质资源保护区,以保护其种质资源。

黄盖鲽

黄盖鲽是脊索动物门硬骨鱼纲鲽形目鲽科黄盖鲽属一种。俗称沙板、小嘴、田鸡鱼、扁鱼、冷水板、小高眼、沙盖等。黄盖鲽为北温带、浅海性、底层鱼类。

黄盖鲽分布于太平洋西部近海,在黄、渤海及东海北部均有分布;朝鲜半岛和日本等地的沿海也有出现。中国近海黄盖鲽群体未有明显分化,在中国近海群体与日本近海群体之间,有较为明显的形态分化。

◆ **形态特征**

黄盖鲽体扁平、呈长卵圆形。头小。口小,两侧口裂不等长。两眼均位于头部右侧,有眼一侧为背面。鳃耙短、宽而扁。背鳍由眼部直至尾柄前端;腹鳍由胸鳍后部延续至尾柄前端;胸鳍 1 对,较小;尾鳍近截形。鳞小,有眼侧栉鳞,无眼侧圆鳞,吻与腭无鳞,眼间有鳞。左、右侧线发达。黄盖鲽腹面体色为白色,背面为黄色。

◆ **生活习性**

黄盖鲽肉食性,摄食多毛类、软体动物、棘皮动物、甲壳类及腔肠动物等 50 余种生物。

◆ **生长与繁殖**

黄盖鲽雌、雄异型。通常雄鱼生长较慢。性成熟体长为 185 ～ 365

毫米，体重为 130 ～ 1380 克。幼鱼主要生活在近岸浅水区。冬季，在渤海中部、黄海深水区越冬。一般雄性 2 龄、雌性 3 龄，个体首次性成熟，体长 182 ～ 450 毫米个体的繁殖力为 14.6 万～ 204 万粒。黄海黄盖鲽产卵期为 3 ～ 4 月，盛期在 3 月下旬～ 4 月上旬。

◆ **资源利用**

黄盖鲽资源已严重衰退。20 世纪 50 年代、80 年代调查渤海黄盖鲽每小时网获量分别为 14 千克、0.95 千克；90 年代中后期调查黄盖鲽已很难渔获。

◆ **养护及管理**

黄盖鲽群体恢复主要采取两种养护措施：①在黄海、渤海开展黄盖鲽增殖放流。②在黄海、渤海，应设立其种质资源保护区，建设其原、良种场，开展优质苗种繁育，以支撑其增殖放流事业的发展。

◆ **价值**

黄盖鲽肉质鲜嫩，以鲜食为主。黄盖鲽使用方法多以红烧、清蒸、清炖等，尤以清蒸味道鲜美。

第 5 章

养殖鱼类

淡水养殖鱼类

青 鱼

青鱼是动物界脊索动物门硬骨鱼纲鲤形目鲤科雅罗亚科青鱼属唯一种。俗称青鲩。又称乌青、螺蛳青、黑鲩、青根子、铜青、五侯青（古名）。青鱼与鲢、鳙、草鱼合称"四大家鱼"，是中国主要淡水增殖、养殖鱼类之一。

青鱼自然分布于中国各大江河湖泊，主要分布于长江及以南平原地区。

◆ **形态特征**

青鱼体圆筒形，腹圆、无腹棱，尾部稍侧扁。头稍尖，宽平。口端位。吻钝，但较草鱼尖突。无须。咽头齿臼齿状。鳃耙 15～21 个，短小，乳突状。鳞大，圆形，侧线鳞 39～45。青鱼体色青黑，背部较深，腹部较淡。胸鳍、腹鳍、臀鳍均为深黑色。

◆ **生活习性**

青鱼性温和。喜清新水质，较草鱼耐肥水。青鱼为底栖鱼，一般不游近水面。多集中在食物丰富的江河弯道和沿江湖泊中摄食肥育，在深水处越冬。行动有力，不易捕捉。青鱼在水温为 0.5 ～ 40℃ 的水环境中都能存活。鱼苗至夏花阶段以轮虫、枝角类等浮游动物为食；鱼种阶段以球蚬、螺蚬幼体和虾类为食；体重 0.5 千克左右可以螺蚬成体为食，摄食时先将螺蚬吞到咽喉部，用咽齿和角质垫压碎硬壳并食其肉。在淡水池塘养殖条件下，青鱼也能摄食人工配合饲料。

◆ **生长与繁殖**

青鱼繁殖与生长的最适温度为 22 ～ 28℃。生长快，以 3 ～ 4 龄增长最快。最大个体 109 千克、1.86 米长、40 龄。长江中自然生长的青鱼体重 1 龄 0.46 千克，2 龄 2.93 千克，3 龄 7.63 千克，4 龄 12.78 千克，5 龄 16.65 千克，6 龄 20.23 千克。在池塘养殖条件下，青鱼体重净增 1 千克需饲喂带壳螺蚬 30 ～ 40 千克。商品规格 3 ～ 4 千克。养殖周期 3 ～ 4 年。长江流域雌鱼通常 4 ～ 5 龄，体重 15 千克左右性成熟；雄鱼较雌鱼早 1 年性成熟，重约 11 千克。平时多在螺蚬较多的通江湖泊中生长、发育。体重 18 千克怀卵约 150 万粒，20 千克怀卵在 200 万粒以上。刚产出的卵淡青色，卵径 1.5 ～ 1.9 毫米，卵膜薄而透明，无黏性，为半漂浮性卵，需在流水中孵化。春天，性成熟亲鱼洄游到江河中逆流到产卵场产卵、排精，完成受精。生产上常采用人工繁殖获得青鱼苗种，经人工催产每千克体重约可获卵 5 万粒。

◆ **养殖概况**

根据 2022 年《中国渔业统计年鉴》统计，中国 2021 年青鱼养殖产量为 71.65 万吨。长江流域湖北、江苏、湖南、安徽、江西等省为主要养殖地区。青鱼经食性转化后可摄食人工配合饲料，已进行池塘规模化养殖。随人们消费观念改变，具有一定的养殖前景。

◆ **价值**

青鱼肉质鲜美、营养价值高，为淡水鱼中上品。

草　鱼

草鱼是动物界脊索动物门硬骨鱼纲鲤形目鲤科雅罗亚科草鱼属唯一种。俗称鲩、草鲩、白鲩、草根子、混子鱼、厚鱼、搞子鱼等。草鱼是主要淡水增殖、养殖鱼类之一，与鲢、鳙、青鱼合称"四大家鱼"。草鱼以食草而得名。

草鱼自然分布于中国的各大江河与湖泊中。20 世纪 60 年代，由中国引入苏联和一些欧美国家，逐渐成为这些国家的重要养殖对象。由于草鱼以草为食、生长快，东南亚国家很早就从中国引进养殖。有的国家移殖草鱼是为经济而有效地清除水草，防止水体沼泽化，因此草鱼又被称为"拓荒者"或"除草机器"。

◆ **形态特征**

草鱼体长筒形，腹圆，无腹棱，尾部侧扁。头钝。吻短钝，吻长稍大于眼径。口端位，口裂宽，口弧形。上颌略长于下颌；上颌骨末端伸至鼻孔的下方。唇后沟中断，间距宽眼中大，位于头侧的前半部。眼间宽，稍凸，眼间距约为眼径的 3 倍。咽齿 2 行，齿梳形，齿面呈锯齿状，两侧咽齿交错相间排列。胸鳍短，末端钝，鳍条末端至腹鳍起点的距离大于胸鳍长的 1/2。背鳍无硬刺，外缘平直，位于腹鳍的上方，起点至尾鳍基的距离较吻端为近。臀鳍位于背鳍的后下方，起点至尾鳍基的距离近于至腹鳍起点的距离，鳍条末端不伸达尾鳍基。尾鳍浅分叉，上下叶约等长。鳞片中大，圆形，边缘略暗，侧线鳞39～46。草鱼体茶黄色，背部青灰，腹部灰白，胸鳍、腹鳍灰黄色，其他各鳍淡灰色。肠长，多次盘曲，为体长的2.3～3.8倍。

草鱼

◆ **生活习性**

草鱼通常生活于水体中下层。喜在被水淹没浅滩草地和泛水区域及水草丛生的湖泊、河流中生活。性情活泼，游泳快，受惊时会跳出水面。草鱼喜清新水质。冬季性成熟个体由湖泊进入江河干流的深水处越冬。草鱼对温度的适应能力较强，在0.5～38℃能存活，生长最适温度为25～30℃。鱼苗至夏花阶段以轮虫、枝角类等浮游动物为食；鱼种阶段随鱼口径增大和咽齿发育，可摄食芜萍、小浮萍、紫背浮萍、幼嫩水草和陆草；成鱼以水生植物及江湖岸边被淹没的陆生植物为食。陆生植物中以缩根黑麦草、苏丹草、紫花苜蓿等为最佳草料，也喜食各种瓜叶、菜叶和甘薯蔓叶等。随着生活环境条件的变化，摄食的植物种类也有很大的改变，如在长江上游江段也常吞食生丝状藻类等。特别是在人工饲养条件下，草鱼的饲料非常广泛，除上述种类外，还可投喂豆饼、酒糟、谷类种子、各种瓜菜叶茎、蚕蛹、昆虫、蚯蚓等。从某种意义上讲，草鱼又可属以植物性饵料为主的杂食性鱼类。对草类的消化率差，靠提高摄食量来弥补，摄食量约为体重的 40%，最大为 60% ～ 70%。草鱼净增 1 千克需水草 60 ～ 80 千克或陆生旱草 20 ～ 25 千克。在人工养殖条件下，可以摄食人工配合饲料。

◆ **生长与繁殖**

草鱼生长快，是鲤科鱼类中的大型经济鱼类，最大个体 30 千克左右；据文献记载长江流域曾捕捞过 35 千克的草鱼，但常见最大个体在 15 ～ 20 千克。长江中自然生长的草鱼体重，1 龄鱼 0.78 千克，2 龄 3.60 千克，3 龄 5.40 千克，4 龄 7.00 千克，5 龄 8.10 千克。以 2 ～ 3 龄增长最快，5 龄以后生长明显减慢。在池塘人工投喂配合饲料的养殖条件下，比天然水体生长更快。草鱼上市规格通常为 1.5 ～ 3.0 千克。长江流域草鱼养殖周期为 2 ～ 3 年，珠江流域为 2 年，东北地区为 3 ～ 4 年。

草鱼的产卵季节一般较青鱼稍早，常在 4 月底或 5 月初开始，6 月底或 7 月上旬结束，产卵场广泛分布于长江干流，特别是宜昌以上江段为草鱼产卵场的主要分布区。葛洲坝水利枢纽截流后，坝上江段的产卵场仍然存在。湘江、赣江、汉江等支流也有草鱼产卵场分布。草鱼产卵要求的外界水文条件和其他家鱼基本相同。成熟亲鱼出现副性征，表现在胸鳍上有"珠星"，雄鱼较雌鱼显著，在胸鳍条上的排列既长又宽。雌草鱼在长江流域通常 4 龄成熟，体重为 6 千克左右；珠江流域则早 1 年成熟，东北地区则较长江流域晚 1 ～ 2 年成熟。雄鱼各流域较雌鱼早 1 年成熟。草鱼怀卵量随体重增加而增加。6 ～ 12 千克的雌草鱼怀卵量为 30 万～ 138 万粒。长江流域 4 ～ 6 月，性成熟的亲鱼洄游到江河中逆流而上，在水流湍急、流速达 1.3 ～ 2.5 米 / 秒、流态混乱的江段产卵。产卵最适水温为 22 ～ 28℃。低于 18℃ 不产卵。产卵前雌雄亲鱼互相追逐，分别产卵与排精，并完成受精。产出的卵淡青色，卵膜无黏性、透明。受精后吸水膨大，受精卵在流水中呈半漂浮状态，水温 22 ～ 23℃ 时约 35 小时孵化出膜。刚孵出鱼苗长 6.5 毫米，无色透明，躯干部肌节 28 ～ 30 对，这是区别于青鱼、鲢、鳙的特征之一。出膜后 3 ～ 4 天鳔充气，鱼苗能平游，卵黄囊基本消失，开始主动摄食。孵出后约 5 天，鳞片生出，各鳍形状已和成鱼相似。孵出后约 6 天，头背部出现许多黑色素花，胸鳍基部有 4 ～ 5 堆呈弧状排列的黑色素花，这也是与青鱼苗的重要区别之一。

◆ **增养殖**

中国具有久远的草鱼养殖史。草鱼养殖长期以池塘养殖为主，常见病害有草鱼出血病、草鱼烂鳃病、草鱼赤皮病、草鱼肠炎病等。由于自然水域草鱼量下降，草鱼增殖成为恢复自然水体草鱼种群的重要方式之一。

草鱼要到流水中才能产卵，过去苗种来源主要靠捕捞天然水域的苗种，现人工繁殖技术已突破，草鱼养殖普及率更高。

◆ **价值**

草鱼生长快，饲料来源广又便宜，肉味鲜美，历来受到人们的喜爱，是中国特有的优良养殖对象。可加工成糟制和熏制品，或油浸草鱼罐头。加之，草鱼能迅速清除各种水草，更适合在水草丛生的湖泊中放养。但草鱼要到江河流水中才能产卵，过去苗种来源主要靠到长江中捕捞，使草鱼的养殖业受到一定的限制，现在草鱼的人工繁殖技术已经普及，改变了过去被动的局面，草鱼的养殖业得到非常大的发展。

鲢

鲢是动物界脊索动物门硬骨鱼纲鲤形目鲤科鲢亚科鲢属一种。又称白鲢、鲢子等。鲢与鳙、青鱼、草鱼合称"四大家鱼",中国主要的淡水养殖鱼类之一。

鲢自然分布于中国除西部高原以外的各大江河和湖泊。

◆ 形态特征

鲢体延长侧扁,头长约为体长的1/4。口宽、前位。眼小,侧下位。鳃耙细而密,同侧鳃耙彼此相连呈海绵状膜质片,用于滤取小型饵料。由鳃弓的后端部分连同鳃耙卷曲而成的螺状咽上器官埋于口腔顶部软组织中。咽齿一行。腹部刀刃状,腹棱自胸鳍前下方直至肛门。鳞片细小,侧线鳞105~125。胸鳍末端仅伸至腹鳍起点或稍后,臀鳍分支鳍条12~13。肠长为体长的6~10倍。鲢体侧上部银灰色、稍暗,腹侧银白色。

◆ 生活习性

鲢喜栖息于水体上层,浮游生物多的水体。鲢活泼善游,怕惊扰,网捕时,遇水流易逆水潜逃。水中含氧量低于1.75毫克/升时窒息。鲢为广温性鱼类,能适应1.5~35.0℃的水体环境,生长适宜水温为25.0~32.0℃,繁殖适宜水温为22.0~28.0℃。鲢喜微碱性水质。鲢食性随鱼苗期至成鱼的发育而变化。鱼苗体长在1.5厘米以下时,摄食轮虫、硅藻、小型枝角类和无节幼虫等;以后浮游植物在食物中的比重逐渐加大,体长在1.5厘米以上时,以浮游植物为主,体长2.0~2.5厘米时食物几乎全由浮游植物、植物腐屑和细菌组成。据对肠道中食物的检查，浮游植物与浮游动物比为 248：1。鲢也能消化外包果胶质或纤维质鞘的蓝藻、绿藻和裸藻。人工养殖时，鲢喜食豆饼、酒糟、豆浆、糠麸等饵料。鲢终年进食，以 7～9 月食量最大，生长也最快。摄食方式系典型的滤食性，对食物无明显选择。

◆ **生长与繁殖**

鲢生长快。长江流域鲢平均体重 1 龄 490 克，2 龄 2030 克，3 龄 3500 克，4 龄 5100 克，5 龄 7620 克，6 龄 10760 克。以 3～6 龄体重增长最快。黑龙江和珠江流域个体相对较小。食用鲢的商品规格为 1～4 千克。小水体养殖周期为 2 年，大水体养殖周期多为 3 年，个体也相对较大。长江流域雌鲢一般 4 龄成熟，体重约 5 千克。对比长江流域，珠江流域鲢早 1 年成熟，黑龙江流域迟 1～2 年成熟。雄鲢比雌鲢早 1 年成熟。4 月中旬至 7 月，水温 18℃ 以上产卵，5～6 月为盛期。主要在江河干流的洪水汛期产卵，怀卵量随体重增长而增加。4.5～8.4 千克雌鲢怀卵量为 63 万～120 万粒。为漂流性半浮性卵，青黄色，卵径 1.3～1.9 毫米。受精卵在流水中孵化出苗。胚胎发育的适宜水温 18～30℃。在此范围内温度愈高发育愈快，孵出时间愈短。超过适温范围，鲢孵化率低，多畸形，并易死亡。天然水体中产卵除要求水温适宜外还要有一定流速的回旋流水。人工产卵池多为圆形。成熟亲鱼经催情后放入产卵池，仿天然回流水刺激其产卵、排精并行自然受精；也可经催情流水刺激后行人工授精。孵化可在圆形或椭圆形孵化环道、方形孵化槽或铁皮锥形孵化桶中进行流水孵化。水温 22～28℃ 时鱼卵孵化约 7 天，待腰点（鳔）出现，并能平游，方可出苗下池或出售。

◆ 养殖

20 世纪 60 年代以来，中国的鲢、鳙和草鱼被引入苏联和一些欧美国家，成为这些国家的重要养殖或增殖放流对象。据联合国粮食及农业组织（FAO）统计，2014年全球鲢养殖产量 496.8 万吨。据中国农业部渔业渔政管理局统计，2015 年中国鲢的养殖产量达 435.46 万吨，居淡水养殖种类第 2 位。长丰鲢和津鲢两个养殖品种的

即将投放太湖的鲢

津鲢

选育，促进了鲢的养殖产业发展。鲢是典型的生态鱼类，有助于水环境改良，且具有食物链短、成本低和易加工等特点。

鳙

鳙是动物界脊索动物门硬骨鱼纲鲤形目鲤科鳙属的唯一种。又称花鲢、麻鲢、胖头鱼、大头鱼等。鳙是中国最主要的淡水养殖鱼类之一，与鲢、青鱼、草鱼合称"四大家鱼"。

鳙自然分布于中国各大江河、湖泊。20 世纪 60 年代，由中国引入苏联和一些欧美国家，成为这些国家的重要养殖对象。

◆ **形态特征**

鳙体侧扁，外形似鲢，但腹鳞仅起自腹鳍基部至肛门。鳙头极大，头长约为体长的1/3。眼小，位于头侧中轴线下方。吻短而圆钝。口大，端位，下颌稍向上倾斜。无须，眼小，位于头前侧中轴的下方，眼间宽阔而隆起，鼻孔近眼缘的上方。背鳍基部短，起点在体后半部，位于腹鳍起点之后，其第1～3根分枝鳍条较长。胸鳍长，末端远超过腹鳍基部。腹鳍末端可达或稍超过肛门，但不达目臀鳍。肛门位于臀鳍前方。臀鳍起点距腹鳍基较尾鳍基为近。尾鳍甚分叉，两叶约等大，末端尖。鳞细小，侧线鳞95～115。侧线完全，在胸鳍末端上方弯向腹侧，向后延伸至尾柄正中。鳙体色稍黑、背部稍带金黄色，腹部银白色，体侧有不规则的黑色斑纹。胸鳍末端超过腹鳍基部30%～40%，各鳍灰褐色，上具许多黑色小斑点。鳔大，分两室，后室大，为前室的1.8倍左右。肠长为体长5倍左右。

鳙

◆ **生活习性**

鳙栖息于水的中上层，喜在营养丰富、浮游生物多的水体中生活。鳙性温驯，行动迟缓，受惊也不逃窜，网捕时不跳跃，易捕捞。鱼苗主要食浮游动物中的轮虫、枝角类等，中间有一食性转化时期。鱼种与成鱼以食各类浮游动物为主，也摄食部分大型浮游植物。肠内动、植物食物比约为1.0：4.5。此外，鳙还摄食有机碎屑、细菌和溶解有机物絮凝的食物团以及人工投喂的豆饼、糠、麸等商品饵料和人工配合饲料。摄食强度随季节不同变化很大，摄食的种类也与生活环境中的食料基础相关。

◆ **生长与繁殖**

鳙生长较鲢稍快，个体最大可重达 49 千克。长江中的 1 龄鳙体重约 0.3 千克，2 龄约为 2.6 千克，3 龄约为 10.1 千克，5 龄约为 13.5 千克，7 龄约为 20.0 千克。以 3 龄体重增长最快。商品规格 1.5～3.0 千克，养殖周期约为 2 年。长江流域的雌鳙一般 5 龄性成熟，体重 10 千克以上，珠江流域雌鳙为 4 龄性成熟，黑龙江流域为 6 龄。通常雄鱼比雌鱼早 1 年性成熟。和青鱼、草鱼、鲢一样，鳙在江河流水中繁殖，繁殖期一般在 5～7 月，比白鲢产卵略晚。鳙的产卵场广泛分布于长江以及湘江、赣江、汉江等支流。体重 14～30 千克的鳙亲鱼怀卵量为 100 万～350 万粒。鳙卵漂流性。卵膜薄而透明，无黏性。卵黄淡青而稍带黄色。卵径 1.5～2.0 毫米，卵黄径 1.6 毫米。受精卵吸水膨胀后可增大到 5.0～6.5 毫米，这是因为卵黄周隙扩大所致，卵黄本身的体积变化甚微。受精卵在水温 19.4～21.2℃ 时约经 40 小时孵出。初孵仔鱼长 7～8 毫米。刚出膜的鱼苗无色透明，躯干部肌节 24～25 对。孵出后约 5 天，鳔 1 室，身体上的黑色素花比鲢苗少，尾鳍褶下叶有一丛弧状黑色素，肛门前腹鳍褶上的黑色素花较鲢苗为少，这也是鳙与鲢苗的区别之一。鳙的生殖习性和孵化情况与鲢相似。

◆ **养殖概况**

20 世纪 60 年代，由中国引入苏联和一些欧美国家，成为这些国家的重要养殖对象。据联合国粮食及农业组织（FAO）统计，2014 年全球鳙养殖产量 325.3 万吨。据中国农业部渔业渔政管理局统计，2015 年中国鳙的养殖产量达 335.94 万吨，位居淡水养殖鱼类第 3。鳙鱼头肥大，其软腭组织和唇部松软肥厚，为一佳肴。又鳙和鲢一样也是典型的生态鱼类，有助于水环境改良，具有食物链短、成本低和市场价格好等特点，随着人工配合饲料的研制成功，养殖规模逐年增加。

◆ 价值

鳙鱼头肥大，其软腭组织和唇部松软肥厚，为一佳肴。鳙和鲢一样也是典型的生态鱼类，有助于水环境改良，具有食物链短、成本低和市场价格好等特点。

鲤

鲤是动物界脊索动物门硬骨鱼纲鲤形目鲤科鲤属一种中型淡水经济鱼类。又称鲤拐子、鲤子、鲤仔（台湾）。鲤是鲤科的代表性鱼种，也是中国最早的选育鱼种。

鲤起源于东南亚，后广泛分布于亚洲和欧洲的许多自然水体。中国除西北高原少数地区外，全国各水系均有分布。

◆ 形态特征

鲤体侧扁而腹部圆，背部隆起。头较小。口下位或亚下位，呈马蹄形。触须 2 对，前须长约为后须长的一半。下咽齿 3 行，主行第一枚为光滑圆锥形的粗壮齿，第二枚齿的齿冠上有 2 ～ 3 道沟纹。鳃耙（左侧第一鳃弓）外侧 19 ～ 24。体表覆盖较大的圆鳞，各鳞片后部有小黑点组成的新月形斑。背鳍硬刺的最后一枚粗壮且后缘呈锯齿状，鳍式为 3

（4），16～21。臀鳍3，5，亦有一后缘带锯齿的粗大硬棘。鳔分两室，前室较后室大，后室末端稍尖，呈锥状。脊椎骨4+33～35。鲤体色因水体不同而有较大的变异，背部颜色深于其他部位，为灰黑色或黄褐色；腹部银白色或浅灰色；臀鳍和尾鳍下叶呈橙红色。

◆ **生活习性**

鲤多栖息于水体底层和水草丛生处，适应性较强，清、浊水体均可生存。广温性鱼类，能适应1.5～35℃的水体环境，生长适宜水温为21～27℃。水温5～32℃时，窒息点为0.21～0.59毫克/升。杂食性，也摄食人工配合饲料。水温10～28℃均可进食，以7～8月食量最大，生长也最快。

◆ **生长与繁殖**

鲤生长快，生长速度因地而异。自然条件下，黑龙江地区鲤平均体重1龄0.03～0.06千克；2龄0.14～0.20千克；3龄0.23～0.60千克；4龄0.48～1.25千克；5龄1.35～1.50千克；最大可达18千克。长江以南地区生长期较长，不同年龄段育成的规格有所增加。养殖条件下的选育品种生长速度明显加快，2龄体重可达1.0～1.5千克。繁殖水温16℃以上，适宜水温为18～22℃。黑龙江地区5月底至6月初才开始产卵，长江以南地区3月初就开始产卵。成熟年龄，黑龙江流域雌鱼3～4龄，雄鱼2～3龄，长江以南地区提前一年成熟。体长26～50厘米，怀卵量为1.13万～19.3万粒。为黏性沉性卵，江河中的产卵场为河湾湖汊的水草丰盛地，产卵时间以黎明为盛。卵径1.8～2.3毫米。胚胎发育的适宜水温18～28℃，受精卵在水温25℃左右经3～4天即可孵化出苗。人工繁殖孵化多采用催情药物催产，用人造鱼巢黏卵或人工脱黏收集。孵化可在环道、孵化槽或孵化桶中进行微流水孵化。水温 22℃ 时鱼苗孵出后 3 ～ 5 天平游开口后可出苗下池或出售。

◆ 养殖概况

中国、俄罗斯、德国、匈牙利和印度尼西亚等为鲤的主要养殖国。鲤是中国最具代表性的最早养殖的种类。据《石经》记载，中国在公元前 1140 年左右就在池塘中饲养鲤。当前养殖的鲤多为人工培育的品种，已选育的品种有建鲤、荷元鲤、三杂交鲤、颖鲤、丰鲤、兴国红鲤、湘云鲤、松浦鲤、松浦镜鲤、福瑞鲤 1 号和 2 号、易捕鲤、镜鲤"龙科 11 号"等。据联合国粮食及农业组织（FAO）统计，2020 年全球鲤养殖产量423.69 万吨。农业农村部渔业渔政管理局统计，2021 年中国鲤的养殖产量为 289.7 万吨，位居淡水养殖种类第 4。

◆ 价值

鲤肉质好，口味鲜美，是高营养、低价的优质蛋白类，可用来改善人民群众的膳食质量，提高人口素质。具有抗逆性强、分布广，易于养殖，养殖成本低和易加工等特点。同时，鲤也是中国鱼文化的代表，堪称国鱼。

鲫

鲫是动物界脊索动物门硬骨鱼纲鲤形目鲤科鲫属一种典型湖泊型淡水小型经济鱼类。俗称喜头、鲫拐子、鲫瓜子、鲋鱼等。中国重要淡水经济养殖鱼类之一。

鲫广泛分布于欧亚地区，在中国分布于除青藏高原以外所有的江河湖泊等水体中。

◆ **形态特征**

鲫体呈侧扁形，高且厚，腹部圆。头短小。吻圆钝。口端位，斜裂。无须。眼小，位于头侧上方。鳃耙长，鳃丝细长。下咽齿 1 行。鳞片大，侧线鳞 28 ～ 32。背鳍较长，外缘平直，臀鳍分枝鳍条均为 5 根，尾鳍呈叉形，胸鳍末端可达腹鳍起点。鲫体背灰黑色，腹部银白色，各鳍灰色。在不同生长水域，体色深浅有差异。

◆ **生活习性**

鲫为典型的底层鱼类，环境适应性强，对水体的温度、pH、盐度和溶解氧等有较强的耐受力。鲫对水温的适应范围广，最佳生长水温 25 ～ 30℃，在此温度范围内，鲫摄食旺盛，生长速度快。鲫对水中溶解氧的要求不严格，一般要求 3 毫克 / 升以上，但在溶氧几乎为零的水中仍能存活。鲫为杂食性鱼类，天然条件下，一般以浮游动物、浮游植物、底栖动植物及有机碎屑等为食物，且食物种类随其个体大小、季节、环境条件、水体中优势生物种群的不同而相应有所改变。如水花苗种主要以轮虫为主；幼鱼主要以藻类、轮虫、枝角类等动物性饵料为主；夏花苗种到成鱼可以摄食附生藻类、浮萍等植物性饵料。在人工养殖条件下，鲫通常以配合饲料（30% 左右的蛋白）为主，同时还兼食水体中的天然饵料。

◆ **生长与繁殖**

与"四大家鱼"相比，鲫生长速度较慢，且因地而异。长江流域平均体重 1 龄 25 ～ 50 克，2 龄 300 ～ 500 克。北方寒冷地区由于生长期较短，个体相对偏小。鲫性成熟年龄也因地而异，在北方地区性成熟较迟，一般为 2 冬龄，而南方 1 冬龄鱼便达性成熟；繁殖用亲本鲫一般为 2 龄。1 冬龄鱼怀卵量最大可达 2.8 万粒，2 冬龄鱼怀卵量最大可达 5.9 万粒。在长江中下游地区，生殖季节是 4 下旬至 6 月上旬，当水温达到 18℃ 时就可以开始自然繁殖。人工繁殖通常采用注射催产激素的方法进行。鲫黏性卵，受精后可直接黏附在纱网上进行静水孵化，也可经脱黏后根据受精卵多少在孵化环道、孵化槽或者孵化桶中进行流水孵化。水温 22 ～ 28℃ 时，鲫受精卵孵化 7 天左右可出苗下池或出售。

◆ **养殖概况**

20 世纪 80 年代以来，异育银鲫、方正银鲫、彭泽鲫等银鲫优良品种在中国普遍推广养殖后，鲫在中国的养殖规模和养殖潜力越来越大。2005 年以来，全国鲫鱼的年总产量一直维持在 200 万吨以上，2020 年达

异育银鲫"中科 5 号"

274.9 万吨，呈现逐年稳步增长的趋势。异育银鲫"中科 3 号"、异育银鲫"中科 5 号"、长丰鲫、湘云鲫、杂交黄金鲫等品种的成功选育，对于鲫养殖品种更新和鲫鱼产业的快速发展具有重要的推动作用。

罗非鱼

罗非鱼是硬骨鱼纲鲈形目鲗鱼科雌性口孵的口孵罗非鱼属、双亲口孵的帚齿罗非鱼属和非口孵的切非鲫属鱼类的统称。罗非鱼是中国主要的淡水养殖品种之一。

罗非鱼自然分布于非洲内陆及中东大西洋沿岸咸淡水海区，向北分布至以色列及约旦等地。中国最早于 1956 年从越南引进罗非鱼，但真正大规模养殖是从 1978 年引进尼罗罗非鱼之后开始。罗非鱼包括亚种在内共有 100 多种，主要养殖品种为吉富罗非鱼、奥尼罗非鱼和红罗非鱼等。

◆ 形态特征

以尼罗罗非鱼为例。体高，侧扁。头部平直或稍隆起。体披栉鳞。侧线断折，呈不连续

罗非鱼

两行。尾鳍末端钝圆形，不分叉。成鱼身侧有与体轴垂直的黑带 9 条，分布于背鳍下方 7 条、尾柄 2 条。背鳍、臀鳍及尾鳍均有黑白相间斑点，背鳍、臀鳍斑点呈斜向排列，尾鳍斑点呈线状垂直排列，成鱼 9 ～ 17 条。性成熟雄鱼尾鳍、臀鳍及背鳍边缘呈红色，背鳍边缘黑色。幼鱼阶段背鳍有一个大而显著的斑点，以后逐渐消失。

◆ 生活习性

罗非鱼一般栖息于水体中下层，杂食性，植物性食物为主，人工养殖时摄食配合饲料。生存温度 9 ～ 42℃，水温低于 8℃ 时罗非鱼处于休眠状态；13℃ 时食欲明显减退。最低摄食水温 11℃，致死温度

$10 \sim 12℃$；$28 \sim 32℃$ 生长速度最快。繁殖温度在 20℃ 以上。罗非鱼耐低氧能力很强，水体溶氧量 1.6 毫克 / 升时，罗非鱼仍能生长和繁殖。

◆ 生长与繁殖

不同品种的罗非鱼生长速度不同。人工养殖条件下，春孵鱼苗当年可养至 500 克以上。尼罗罗非鱼 6 个月即可达性成熟，体重 200 克的雌鱼，怀卵量为 $1000 \sim 1500$ 粒。水温 $18 \sim 32℃$，成熟雄鱼具有"挖窝"能力，成熟雌鱼进窝配对，雌鱼产出成熟卵子，雄鱼随即射出精液并受精。立刻含于口腔，使卵子受精，受精卵在雌鱼口腔内发育。水温 $25 \sim 30℃$ 时，$4 \sim 5$ 天即可孵出幼鱼。幼鱼卵黄囊消失并具有一定游泳能力时离开母体。

◆ 养殖概况

世界上有 60 多个国家和地区养殖罗非鱼，主产区为东南亚、南美洲和非洲等热带和亚热带地区。除中国外，世界上其他主产国及地区包括埃及、印度尼西亚、菲律宾、巴西、泰国、孟加拉国等。据统计，2020 年上述国家的产量分别为 159.19 万吨、1484.50 万吨、232.28 万吨、63.02 万吨、96.25 万吨和 258.39 万吨。中国除宁夏、青海等个别地区外，其余地区均有养殖。主要养殖区域在广东、海南、广西、福建和云南等南方地区，且养殖规模、产量、产值等逐年增加。中国罗非鱼养殖产量位居全球首位，居中国淡水养殖种类产量第 6。选育品种有吉富罗非鱼"中威 1 号"、罗非鱼"新吉富"、奥利亚罗非鱼"夏奥 1 号"、莫荷罗非鱼"广福 1 号"、罗非鱼"壮罗 1 号"和罗非鱼"粤闽 1 号"等，养殖前景广阔。

海水养殖鱼类

遮目鱼

遮目鱼是动物界脊索动物门硬骨鱼纲鲱形目遮目鱼科遮目鱼属一种。又称麻虱目、海港鱼、细鳞仔鱼、虱目鱼。因脂眼睑厚完全将眼遮盖，故名遮目鱼。

遮目鱼主要分布于太平洋和印度洋东至波利尼西亚，西至红海和非洲的东岸，南至新西兰和澳大利亚的东南岸，北至日本的南岸。中国西沙群岛、中沙群岛、海南岛、台湾等海域，以及广东、福建沿海，黄海沿岸也有遮目鱼分布。

◆ 形态特征

遮目鱼体长纺锤形，侧扁。吻钝圆。口小端位，无牙。由前颌骨组成上颌口缘，脂眼睑发达。鳃孔大。鳃膜彼此相连。有伪鳃。具咽上器官。背鳍条 14；臀鳍条 11。腹鳍条 10 ～ 12；鳃盖条 4。具鳔。无眶蝶骨及基蝶骨。遮目鱼体长为体高 3.4 ～ 4.1 倍，为头长 3.6 ～ 4.1 倍。体被小圆鳞，尾鳍长，后缘深叉形，尾鳍基部有 2 片大鳞。背部青绿色，体侧和腹部银白色。

◆ 生活习性

遮目鱼属于暖水性鱼类，适宜温度 15 ～ 40℃，最适水温 28 ～ 35℃，当水温降至 15℃，活动减缓，12℃ 以下停止摄食，10℃ 以下一般不能生存。盐度适应范围广，既可在高盐度海洋中生活，亦能在近岸半咸水或内陆淡水中生长。最适盐度为 10 ～ 15。遮目鱼大部分时间生活在外海，仅在繁殖季节向近岸洄游。幼鱼亦常溯河洄游，所以不少淡水水域也有分布。食性较杂，食物链短，以植物食性饵料为主，喜欢摄食底栖硅藻和有机碎屑，也食浮游动物和小型软体动物。遮目鱼初次成熟年龄为 6～9 龄，大量成熟年龄为 8～9 龄。必须在高盐度环境中性腺才能发育成熟。在天然海区，性成熟亲鱼必须洄游到近岸浅海适宜场所产卵。雌鱼怀卵量 300 万～600 万粒，高者达 1000 万粒。

◆ **养殖概况**

遮目鱼是菲律宾、印度尼西亚，以及中国台湾地区重要的经济食用鱼类。养殖方式有粗放式池塘养殖、集约式池塘养殖和鱼虾混养 3 种。每公顷放养苗种 7000～15000 尾。养殖 4～9 个月，遮目鱼体重达 30 克以上收获，每公顷年产量 2000～10000 千克。

鲻　鱼

鲻鱼是硬骨鱼纲鲻形目鲻科鲻属一种鱼类。俗称乌鱼、青头、正头乌、回头乌。

鲻鱼广泛分布于太平洋、印度洋、大西洋、地中海等近岸水域。中国沿海皆有鲻鱼分布。

◆ **形态特征**

鲻鱼体延长，前部近圆筒形，腹部圆形，后部侧扁。头短，侧扁，两侧略隆起。吻宽短，下位。脂眼睑发达，眼间隔宽平。牙细小，绒毛状。体被大型弱栉鳞，头部被圆鳞。胸鳍基部及第一背鳍与腹鳍基部的两侧各具有一长尖形腋鳞。背鳍 2 个，分离。尾鳍叉形，后缘缺刻深。体呈橄榄绿色，体下侧银白色，体侧有 6 ～ 7 条暗色纵带。各鳍浅灰色，胸鳍基部有一暗色斑块。背鳍 IV，I-8；臀鳍 III-8；胸鳍 16 ～ 17；腹鳍I-5；尾鳍 14。

◆ **生活习性**

鲻鱼为广温、广盐性鱼类，喜栖息于浅海区及河口咸淡水水域，适宜盐度 0 ～ 40，适宜温度 3 ～ 35℃。鲻鱼属底层杂食性鱼类，以刮食沉积在泥表的周丛生物为主，饵料有硅藻、有机碎屑、桡足类、多毛类、小虾贝类等，幼鱼以浮游动物为食，成鱼以硅藻和小型生物为食。养殖条件下，鲻鱼对人工饵料适应性强。鲻鱼雄性初成熟年龄一般为 3 ～ 4龄，雌鱼性成熟年龄为 4 ～ 6 龄。中国华南沿海鲻鱼繁殖季节为在 11 月至翌年 2 月，产卵水温 20℃ 以上，雌鱼怀卵量为 48 万～ 720 万粒 / 尾。受精卵透明圆球状，孵化水温 17 ～ 23℃。早期苗种适宜生长温度21 ～ 24℃，饵料系列包括小球藻、轮虫、轮虫无节幼体、人工配合饲料等，30 天左右完成变态。

◆ **养殖概况**

鲻鱼是世界性的重要养殖鱼类，具有广温性、适盐性、生长快、养殖成本低等优点，是海水和咸淡水养殖鱼类的主要品种之一，也是淡水养殖重要的混养鱼类。鲻鱼肉味鲜美，卵巢营养价值极高，制成的"乌鱼子"产品在中国南方及港澳台地区，以及日本和韩国等地深受消费者欢迎。鲻鱼主要养殖生产方式为池塘养殖，多与其他鱼类、虾类生态混养，春季放养规格：5 ～ 6 厘米的鱼种，当年养殖体重可达 500 ～ 600克，体长可达 285 毫米以上。鲻鱼属营养层级低杂食性鱼类，在食物链中占据重要生态位,多生活在水体下层,人工养殖条件下与其他鱼类混养有助于控制其他杂害生物生长,提高混养品种产量。中国鲻鱼养殖区域主要分布在浙江、福建、台湾、广东、海南等地区。

花 鲈

花鲈是硬骨鱼纲鲈形目花鲈属。又称鲈鱼、海鲈、寨花等。花鲈是中国重要海水养殖品种之一。

◆ 分布

花鲈广泛分布于中国黄海、渤海、东海和南海,包括台湾地区和海南岛沿岸。黄海东部、朝鲜半岛西部沿岸、南海北部湾西部、越南沿岸也有分布。

◆ 形态特征

花鲈体延长而侧扁,背部隆起,腹面钝圆。口大,端

花鲈

位,斜裂。背鳍两个,第 1 背鳍为 12 根硬刺,第 2 背鳍为 1 根硬刺和 11 ~ 13 根软鳍条,尾鳍边缘黑色,呈叉形。花鲈侧线以上及背鳍常散布若干不规则黑色斑点。

◆ 生活习性

花鲈喜栖息于河口咸淡水处,亦能生活于淡水和海水。主要在水域中、下层活动,有时也潜入底层觅食。花鲈适温性广,既能在北方冬季越冬,也能安全度过南方高温季节。养殖适温范围在 3 ~ 29℃,最适宜水温在 16 ~ 27℃。花鲈鱼苗以浮游动物为食,幼鱼以虾类为主

食，成鱼则以鱼类为主食，为凶猛肉食性鱼类。生殖季节于秋末，花鲈性成熟亲鱼一般是 3 冬龄体长达 600 毫米左右个体。卵浮性，卵径 1.35 ～ 1.44 毫米。在水温 15℃ 时，花鲈受精卵 4 天左右孵化，初孵仔鱼全长 4.42 ～ 4.60 毫米，孵化 5 日左右，卵黄及油球吸收殆尽。当体长达 20 毫米时，常出现于近岸底层，翌年春季体长达 30 毫米左右时在近岸浅水初现。

尖吻鲈

尖吻鲈是硬骨鱼纲鲈形目尖吻鲈科尖吻鲈属。又称亚洲鲈、尖嘴鲈、金目鲈、盲槽等。

◆ 分布

尖吻鲈主要分布于中国南海和东海，台湾沿海也有分布，但以南部养殖较多；印度、缅甸、印度尼西亚、菲律宾、大洋洲等海域也有分布。

◆ 形态特征

尖吻鲈体延长，稍侧扁。口中等大，微倾斜，吻尖而短。眼中等大，有红斑。二背鳍基部相连，第一背鳍具 7 ～ 8 硬棘，第二背鳍 11 ～ 12 软条；尾鳍呈圆形。尖吻鲈体色上侧部为茶褐色，下侧部为银白色。

◆ 生活习性

尖吻鲈为热带与亚热带鱼类。主要栖息于岩岸礁石与泥沙交汇处，常活动于半淡咸水水域，亦会溯入淡水河川。尖吻鲈为广盐性鱼类且不耐低温。在沿海水域栖息和觅食，喜缓缓而流的清水。尖吻鲈为肉食性鱼类，体长 1 ～ 10 厘米尖吻鲈，胃内 20% 浮游植物，其余为小鱼虾。

较大者为肉食性，70% 为虾，30% 为小鱼。体长 0.5 ～ 0.8 厘米，饲养 15 ～ 20 天，体长可达 3 厘米左右，经 100 天饲养，体重达 1 千克即可上市。湛江近海常捕获 5 千克以上个体，南海海峡东部曾捕获 20 千克以上个体。尖吻鲈栖息于河口、江河以及湖泊中生长、发育到繁殖季节，然后再洄游到海洋中进行产卵。尖吻鲈是雄性先熟的雌雄同体鱼类，雄性在 4 ～ 5 龄，体长达 30 ～ 35 厘米时开始向雌性转化，历经 1 ～ 2 年发育，雌性个体成熟。在中国海域，尖吻鲈繁殖季节为 6 ～ 10 月，繁殖能力极强，体重为 5.5 ～ 11 千克雌鱼，产卵量为 200 万 ～ 700 万粒。

◆ 养殖概况

尖吻鲈具有适应能力强、食量大、生长快、病害少，肉质鲜美、营养价值高等优点。由 3 ～ 5 厘米鱼苗养至 400 ～ 500 克上市规格只需 4 个月左右，市场需求量大。可在海水和淡水池塘及网箱中进行养殖，适合大面积推广，产量较高。东南亚各国、澳大利亚，中国香港、台湾、海南、广东深圳及中山等地都在发展尖吻鲈养殖。

巨石斑鱼

巨石斑鱼是硬骨鱼纲鲈形目石斑鱼科石斑鱼属一种。又称石斑、过鱼、虎麻等。

◆ 分布

自红海到非洲南部和皮特克恩群岛的底细岛，大洋洲最东边的环礁均有巨石斑鱼分布；在太平洋西部巨石斑鱼分布自日本到新南威尔士和豪勋爵岛。相比于大陆海岸，巨石斑鱼更多分布于海岛，但也分布于珊瑚礁发育较好的大陆地区，如阿克巴湾。在中国，巨石斑鱼常见于南海。

◆ **形态特征**

巨石斑鱼体长为体高的 3 ～ 3.6 倍。头大，体长为头长的 2.1 ～ 2.4 倍。上颌长为鼻长的 2 ～ 2.4 倍。眶间区窄，平坦到微凹，头长为眶间区宽的 6.8 ～ 8.1 倍，上颌长为眶间区宽的 3.1 ～ 4 倍。前鳃盖骨宽而圆，角落处有略大的锯齿；鳃盖骨上缘几乎为直线。后鼻孔明显大于前鼻孔。颌骨远超过眼睛，最大宽度约是眶下宽度的 2 倍，颌骨宽为体长的 6.8% ～ 8.1%；上颌长度为体长的 21% ～ 24%，下颌中侧部有 2 ～ 5 排牙齿；上颌软组织处的内齿比颌前部的犬齿长。上支鳃耙数 8 ～ 10，下支鳃耙数 17 ～ 20；鳃弓侧无骨板。背鳍有硬棘 6 枚，鳍条 13 ～ 16 根，第 3 ～ 5 枚硬棘最长，头长为其长的 3.1 ～ 4.7 倍，且其长明显短于最长鳍条长；棘间背鳍膜有锯齿；臀鳍有 3 枚硬棘，8 根鳍条；胸鳍鳍条数 18 ～ 19，头长为胸鳍长的 1.7 ～ 2.4 倍，腹鳍长的 2.2 ～ 2.8 倍；尾鳍圆形。幼鱼体侧被栉鳞，成鱼鳞片光滑，除胸鳍覆盖的小片；侧线鳞孔数 63 ～ 74；纵列鳞数 95 ～ 112。幽门盲囊数 16 ～ 18。巨石斑鱼头体部为浅灰绿色或棕色，覆盖有圆形深色小点，其颜色从暗橘红色到深棕色不等，中间颜色深于边缘。头部斑点越往前越小。最后 4 根背鳍条根部通常可见 1 黑色大斑点或 1 组小黑点，延伸到鳍下部。巨石斑鱼体侧可能有 5 条模糊的接近垂直的条纹，4 条在

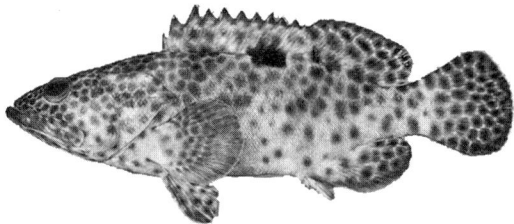

巨石斑鱼

背鳍下，第 5 条在尾柄处。鳍上覆盖有深色斑点，胸鳍上越接近末端斑点越小且越不明显；尾鳍、臀鳍和胸鳍的后缘通常有白色边缘；软背鳍上有深色点，幼鱼的尾鳍和臀鳍上的点过于密集以至于白色空隙形成白网状。

◆ **生活习性**

巨石斑鱼栖息于水质清澈的珊瑚礁区。幼鱼常出现在礁磐或潮池中，成鱼通常在较深的水域中。巨石斑鱼属肉食性鱼类，主要以鱼类为食，偶尔摄食甲壳类。28℃ 条件下受精卵 35 小时孵化，第 3 ～ 4 天仔鱼开口，1 个月之后体长在 2 厘米左右。

◆ **生产概况**

巨石斑鱼属经济性食用鱼，肉质鲜美、营养丰富、价格昂贵。人工育苗已获初步成功，但成活率低，截至 2016 年尚未能实现规模化养殖。放养规格在 10 ～ 15 厘米左右的鱼种，经 7 个月饲养，体重可达 550 ～ 700 克。捕捞以延绳网或 1 支钓为主。

斜带石斑鱼

斜带石斑鱼是硬骨鱼纲鲈形目石斑鱼科石斑鱼属一种。又称红花、红点虎麻、青斑等。

斜带石斑鱼主要分布于红海，最远可南至德班（南非），东至帕劳群岛和斐济群岛，北至琉球群岛（日本），向南又可抵达阿拉弗拉海，向北到澳大利亚；它们也会从苏伊士运河迁移到地中海沿岸的东部地区。

◆ **形态特征**

斜带石斑鱼体修长，侧扁而粗壮，头背部斜直，标准体长是体高的2.9 ～ 3.7 倍；体高是体宽的1.4 ～ 2.0 倍。体长是头长的2.3 ～ 2.6 倍；上颌长是吻长的1.8 ～ 1.9 倍；眶间骨或平坦或有稍微凸起。前鳃盖骨棱角处锯齿明显扩大，在棱角上面正有一片宽大而浅的凹槽；鳃盖上沿是直的或者微微凸起；前后鼻孔几近相等；上颌与眼后边缘处在同一垂直或者稍微倾斜的方向上，其中前上颌宽占体长的4.2% ～ 5.5%；上颌长是体长的17% ～ 20%，下颌后侧有2 ～ 3 排几乎一样大小的牙齿。背鳍有11 根鳍棘，14 ～ 16 根鳍条，其中第三或者第四根鳍棘是最长的，头长是它的2.9 ～ 4.0 倍，棘间膜有明显缺刻；臀鳍有3 根鳍棘，8 根鳍条第三根鳍棘比第二根更长，鳍边缘是弧形的；头长是胸鳍的1.6 ～ 2.2 倍；胸鳍鳍条18 ～ 20 根；头长是腹鳍长的1.9 ～ 2.7 倍；腹鳍腹位，末端延伸不及肛门开口；胸鳍圆形，中央之鳍条长于上下方之鳍条，且长于腹鳍，但短于后眼眶长；尾鳍圆形。体后侧有栉鳞，并伴有一些极小的辅鳞；侧线鳞有58 ～ 65 个；成鱼前部鳞片的侧线细管多有分支；侧线系100 ～ 118。有许多幽门盲囊（50 ～ 60）。

斜带石斑鱼头和身体背部呈黄棕色，腹侧发白；头、身体及奇鳍上有许多橙棕色或红棕色的小点，随着年龄的增长，这些小点将变得更小、更多、颜色变得更深；身上有5 条不明显的不规则的倾斜深条纹，这些条纹分叉并一直延伸到了腹侧，其中，第一条深色条纹在前部的背鳍鳍棘的下面，最后一条在尾柄上；在间鳃盖骨上有两个深色点，在间鳃盖骨和上鳃盖骨相接的地方还有1 ～ 2 个深色点。

◆ 生活习性

斜带石斑鱼常栖息于大陆沿岸和大岛屿,但在河口、离岸 100 米深的水域中也可发现。最大体长 120 厘米,最大体重 15 千克,最大年龄 22 年。雌鱼 3 龄以上开始性成熟,而性逆转一般发生于 5 龄以上。斜带石斑鱼亲鱼每月均可产卵,在水温 25 ~ 31℃ 产卵量最多。精子活力的最适盐度为 27 ~ 35,最适 pH 为 6.5 ~ 8.7,最适温度为 25 ~ 31℃。亲鱼饲料中添加维生素 E 可以改善受精卵的质量和仔鱼质量。平均每尾雌鱼的年产卵量约为 2102.3 万粒。其中,1 月中旬到 7 月下旬是亲鱼的产卵盛期,产卵量约占全年的 89.8%。斜带石斑鱼卵的受精率和孵化率在初夏的产卵盛期可达 80% ~ 90%,其他季节一般在 30% ~ 60%。受精卵孵化的适宜温度是 24 ~ 30℃,最适温度 24 ~ 26℃;适宜盐度 15 ~ 45,最适盐度 20 ~ 30;适宜 pH5.5 ~ 8.5,最适 pH6.5 ~ 7.5。仔鱼生存的适宜温度 24 ~ 32℃,最适温度 24 ~ 26℃;适宜盐度为 10 ~ 40,最适盐度为 15 ~ 30;适宜 pH 是 5.5 ~ 9.0,而最适 pH 是 7.0 ~ 8.5。

◆ 养殖概况

斜带石斑鱼是具有经济性的一种食用鱼,已实现规模化人工养殖。斜带石斑鱼是中国南方最重要养殖鱼类之一。由于其肉质鲜美、营养丰富、抗逆性强、生长快、体色艳丽,市场价格稳定,已越来越受到消费者和养殖者的青睐。斜带石斑鱼养殖适温在 16 ~ 31.5℃,最适宜水温在 20 ~ 29℃;适宜盐度在 14 ~ 41,在淡水中可忍受 15 分钟左右。春季放养 5 ~ 15 厘米规格的鱼种,经 5 个月饲养,体重可达 500 ~ 700 克。中国南方高位池养殖斜带石斑鱼亩产可达 5 吨左右。

褐点石斑鱼

褐点石斑鱼是硬骨鱼纲鲈形目石斑鱼科石斑鱼属一种。又称老虎斑、虎斑、过鱼等。

褐点石斑鱼广泛分布于印度－太平洋区，包括红海。褐点石斑鱼分布在沿非洲东岸到莫桑比克，向东延伸至萨摩亚及菲尼克斯群岛，北自日本南部，南迄澳大利亚等。在中国，褐点石斑鱼主要分布于台湾南部、西部、东北部及澎湖。

◆ 形态特征

褐点石斑鱼体呈长椭圆形，侧扁而粗壮。成鱼的头背部框架在眼睛处有凹痕，从该处到背鳍的起点位置有明显的凸起；背鳍鳍棘部与鳍条部相连，无缺刻，具硬棘 11，鳍条 14～15，第三和第四根鳍棘最长，棘间膜有明显的缺刻；臀鳍硬棘 3 枚，鳍条 8；腹鳍腹位，末端延伸不及肛门开口；胸鳍圆形，中央之鳍条长于上下方之鳍条，且长于腹鳍，有 18～20 根鳍条；尾鳍圆形。褐点石斑鱼体呈淡黄褐色，有 5 块纵系列的深褐色暗斑组成了不规则的条纹；头部、体侧和鳍密集分布着小的褐色斑点，在深色暗斑上的小斑点比位于暗斑之间的小斑点颜色深很多；尾柄后缘具一模糊的黑色鞍状斑；在颌骨一侧有 2 或 3 根模糊的深色条纹。

◆ 生活习性

褐点石斑鱼为暖水性近岸及珊瑚礁鱼类，喜欢栖息于水深不超过 60 米的珊瑚礁及岩礁区域。适宜生长的水温为 25～32℃，最佳生长盐度为 20～29。主要摄食鱼类、甲壳类及头足类，为凶猛肉食性鱼类。

雌鱼可在体长 68 厘米左右性逆转。褐点石斑鱼生殖季节在海南三亚地区为每年 4 月至 11 月。褐点石斑鱼卵浮性，卵径 0.83～0.94 毫米。在水温 25.5～28.0℃ 条件下，褐点石斑鱼胚胎历时 24～32 小时孵化，初孵仔鱼全身透明，全长 1.35～2.15 毫米。72 小时后卵黄囊消失，仔鱼开口摄食。

◆ 养殖概况

褐点石斑鱼营养丰富，味道鲜美，生长速度快，经济价值高，是中国南方重要的石斑鱼养殖品种。褐点石斑鱼主要采用陆上水泥池或海上网箱进行养殖，养殖最适宜水温在 25～32℃，适宜生长的盐度范围较广，在 10 以上盐度的水中均可生长，最佳生长盐度为 20～29。pH 在 8.0～8.5。褐点石斑鱼养殖主要集中在中国福建、广东、广西、海南、台湾，以及东南亚部分地区。

卵形鲳鲹

卵形鲳鲹是硬骨鱼纲鲈形目鲹科鲳鲹属一种。又称金鲳、黄腊鲳。卵形鲳鲹是食用海水鱼之一，是中国南方深水网箱养殖的重要种类之一。

◆ 分布

卵形鲳鲹分布于印度洋、大西洋、澳大利亚、日本及中国的沿海温带及热带海区。

◆ 形态特征

卵形鲳鲹体高而侧扁。体长为体高 1.7～1.9 倍，为头长 3.8 倍。尾柄短细，侧扁。头小，高大于长。头长为吻长 4.4～4.9 倍，为眼径

4.9 ～ 5.4 倍。吻钝，前端几呈截形。眼小，前位。口小，微倾斜，口裂始于眼下缘水平线上。鳃条骨 7。鳃耙短，排列稀，（5 ～ 6）+10。头部除眼后部有鳞以外均裸露，身体和胸部鳞片多埋于皮下，第 2 背鳍与臀鳍有 1 低的鳞鞘。侧线前部稍呈波状弯曲，直线部始于第 2 背鳍第 10 鳍条之下方。侧线上无棱鳞，侧线鳞 160 ～ 163 个。第 1 背鳍有 1 向前平卧棘（大鱼时埋于皮下）和 6 鳍棘，棘短而强。第 2 背鳍有 1 鳍棘，19 鳍条，前部呈镰形。臀鳍 1 鳍棘、17 鳍条，前方有 2 短棘，臀鳍基长度与第 2 背鳍略相等。胸鳍较宽，短于头长。尾鳍叉形。脊椎骨 10+14。卵形鲳鲹背部蓝青色，腹部银色，体侧无黑色点，奇鳍边缘浅黑色。

卵形鲳鲹

◆ **生活习性**

暖水性中上层洄游鱼类。2 月可见幼鱼在河口海湾栖息，群聚性较强，成鱼时向外海深水移动。生活水温 14 ～ 32℃，最适水温 24 ～ 28℃；盐度 5 ～ 32 均可养殖，15 以下生长更快。卵形鲳鲹为肉食性鱼类，抢食凶猛，以小型动物、浮游生物、甲壳类为主要饵料。

◆ **养殖概况**

卵形鲳鲹属海水经济鱼类，肉质鲜美，生长速度快，且具广盐性、广温性特点。养殖效益较高，适合规模化养殖。主要养殖地区在中国海南省、广东省、广西壮族自治区、福建省和台湾地区，东南亚国家和地区也开始养殖。海南省是中国主要卵形鲳鲹苗种生产地。

本书编著者名单

编著者（按姓氏笔画排列）

丁少雄	于　鑫	王　峰	王　蕾
王忠卫	邓华堂	石连玉	卢迈新
田永军	冯永勤	吉　钰	成庆泰
伍惠生	危起伟	庄　平	刘　伟
刘世刚	刘晓春	刘家富	李忠义
李建生	杨　刚	邱盛尧	何德奎
邹桂伟	张　辉	张全启	陈大庆
陈再忠	陈国华	陈细华	陈毅峰
罗宏伟	罗相忠	金显仕	柳学周
段　明	徐　跑	徐钢春	黄伟卿
章之蓉	傅毅远	温　彬	温海深
楼　宝	颜云榕	戴小杰	